基于 SEEA-2012 的综合绿色海洋 GDP 核算体系构建研究

郑 鹏 赵师嘉 著

北京工业大学出版社

图书在版编目（CIP）数据

基于 SEEA-2012 的综合绿色海洋 GDP 核算体系构建研究 /
郑鹏，赵师嘉著 . — 北京 ： 北京工业大学出版社，
2021.10重印

ISBN 978-7-5639-7225-8

Ⅰ．①基… Ⅱ．①郑… ②赵… Ⅲ．①海洋经济－经
济核算－研究 Ⅳ．① P74

中国版本图书馆 CIP 数据核字（2019）第 283389 号

基于 SEEA-2012 的综合绿色海洋 GDP 核算体系构建研究

著　　者： 郑　鹏　赵师嘉
责任编辑： 吴秋明
封面设计： 点墨轩阁
出版发行： 北京工业大学出版社
　　　　　　（北京市朝阳区平乐园 100 号　邮编：100124）
　　　　　　010-67391722（传真）　bgdcbs@sina.com
经销单位： 全国各地新华书店
承印单位： 三河市元兴印务有限公司
开　　本： 787 毫米 ×1092 毫米　1/16
印　　张： 10.5
字　　数： 210 千字
版　　次： 2021 年 10 月第 1 版
印　　次： 2021 年 10 月第 2 次印刷
标准书号： ISBN 978-7-5639-7225-8
定　　价： 58.00 元

前　言

随着《全国海洋经济发展规划纲要》的颁布实施，我国海洋经济持续快速发展，海洋经济对国民经济的贡献日益突出。《2016年中国海洋经济统计公报》显示：2015年全国海洋生产总值（Gross Ocean Product，缩写为GOP）达65534.4亿元，占国内生产总值比重达12.17%。这一数字不仅反映了我国海洋经济发展的可喜成绩，同时反映了我国海洋经济核算工作的顺利实施。海洋经济是高度依赖海洋资源、环境的特殊经济体系，由于海洋经济可持续发展主要是依赖海洋资源及其环境经济的可持续发展，海洋经济与自然资源、生态环境退化风险之间的关系也就最为直接和密切。但目前，人们在关注海洋经济发展的同时，却忽视了海洋经济发展过程中所带来的海洋资源日益耗竭、海洋生态环境严重破坏等问题。有关研究也只是停留在对海洋经济总量（海洋生产总值GOP）的核算研究。

海洋生产总值（GOP）虽然能够反映我国海洋经济整体运行情况，体现海洋经济发展的客观实际，其数字也令人鼓舞。但是，海洋生产总值指标却并没有反映出海洋经济发展过程中对海洋资源的巨大消耗和对海洋环境的巨大破坏。而海洋资源、环境状况是决定我国海洋经济以及沿海地区社会经济可持续发展的重要因素，同时也是影响沿海地区人民生产、生活水平的重要因素，这些因素在海洋生产总值（GOP）中却未予体现。2012年，联合国统计署发布了最新一期的综合环境经济核算体系（SEEA-2012），明确提出了自然生态系统功能的社会服务价值，建立了实验性生态系统账户。SEEA-2012的绿色GDP在扣除环境受损的修复成本和不可再生资源的损耗成本的基础上，还拟加上生态系统自身产生的生态效益价值，能客观反映一个国家（地区）的经济、社会、环境之间的相互作用与影响。我国借鉴联合国、世界银行与世界自然基金会提出的SEEA的基本理论，制定了《环境经济综合核算框架》（CSEEA）和《基于环境的绿色国民经济核算体系框架》，以此作为建立中国绿色GDP核算的依据，启动了绿色GDP核算。然而，当前我国绿色海洋经济核算尚未更新与SEEA-2012的融合，没有形成完整的核算体系。因此，我国在海洋开发过程中迫切需要开展综合绿色海洋经济核算，以充分反映海洋经济发展与海洋资源消耗、环境退化之间的关系，在海洋经济发展过程中实现对海洋资源、环境开发利用与保护的协调统一，指导海洋经济的可持续发展。

本文的研究内容总共由以下8章构成。

第1章：绪论。本章主要介绍了选题背景，提出研究问题，从理论和实践两个方面阐明了研究意义，设定研究目标。在此基础上，论述了研究内容和研究方法，并对研究贡献和创新点进行了总结。

第2章：文献综述与研究现状。本章首先论述了传统 GDP 核算的局限性以引申出绿色 GDP，并从海洋经济核算指标的国际研究进展、海洋经济核算框架体系国际研究进展、国际对"SEEA"的实践研究进展、海洋经济核算理论的国内研究进展和国内对"SEEA"的实践研究进展五个方面展开。最后，论述环境经济核算体系的主要内容和主要特点。

第3章：综合绿色海洋 GDP 体系的构建。本章首先阐述了综合绿色海洋 GDP 概念和内涵，并提出综合绿色海洋 GDP 核算体系构建原则。其次，论述综合绿色海洋 GDP 核算的理论基础和技术基础，以及其体系构建的意义。为本章最后的综合绿色海洋 GDP 体系框架的构建提供理论基础。

第4章：综合绿色海洋 GDP 核算账户。本章根据海洋资源的资源特点，拟在海洋环境资源实物型流量账户下设计海洋资源资产实物量核算表、海洋环境污染物实物量核算表和海洋生态服务功能物质量核算表；拟在海洋环境价值量核算账户下设计海洋资源消耗价值核算表、海洋环境污染损害价值核算表和海洋生态效益核算表。在核算账户中，包含实物量指标和价值量指标。

第5章：综合绿色海洋 GDP 核算方法。本章主要介绍综合绿色海洋 GDP 的核算方法。根据综合绿色海洋 GDP 核算体系总体框架，分别从海洋经济生产总值、海洋资源成本、海洋环境成本和海洋生态系统服务价值四个方面论述核算方法，计算出综合绿色海洋 GDP 的最后结果。

第6章：综合绿色海洋 GDP 核算实例分析。本章通过对 2015 年辽宁省各沿海城市的海洋经济生产总值、海洋资源成本、海洋环境成本和海洋生态系统服务价值的核算，调整出最后的综合绿色海洋 GDP 的最终结果，政府和企业可以通过综合绿色海洋 GDP 分析和评价，正确理解海洋经济高速发展中牺牲的海洋资源环境，认识保护海洋环境资源、海洋生态系统的重要性。

第7章：对策及建议。本章从经济角度、环境角度和海洋社会角度出发，提出了将经济发展与海洋资源优化配置并行的政策建议。

第8章：研究结论与展望。在前文全面系统研究的基础上，本章主要概括了研究结论，并指出研究存在的局限性以及未来研究的拓展方向。

本书主要研究结论如下。

（1）综合绿色海洋 GDP 将海洋资源、海洋环境和海洋生态系统服务纳入经济核算体系，是对绿色 GDP 的延伸。综合绿色海洋 GDP 不但反映了社会经济活动对海洋资源与环境利用动态，而且客观地反映了海洋生态系统直接为人类提供的福利和为经济活动提供的服务价值。它能更真实表达社会的财富和福利水平，能更科学地衡量一个国家的真实发展和进步。

（2）构建的综合绿色海洋 GDP 核算体系的环境资源核算账户，在 SEEA-2012 体系规定的海洋资源、海洋环境实物量核算和海洋资源、海洋环境价值量核算两个账户的基础之上，增加了海洋生态系统服务物质量核算和海洋生态系统服务价值量核算账户，将海洋生态系统服务效益纳入了海洋环境资源核算。

（3）可通过货币化模型实现海洋环境资源核算账户中海洋资源、海洋环境和海洋生态系统服务的实物量指标与价值量指标的连接，利用价值量指标实现海洋资源环境核算账户与国民经济核算账户的连接，对国民经济核算账户的海洋资源、海洋环境和海洋生态服务因素进行调整，实现综合绿色海洋GDP核算体系的构建。

（4）通过对辽宁省综合绿色海洋GDP核算，科学地、准确地反映出辽宁海洋资源资产的存量和流量价值、国民经济活动过程对海洋环境造成伤害损失的价值及动态数据，以及海洋生态系统每年提供服务效益的价值。这既有利于政府准确掌握海洋经济生产和海洋环境的状态及变动情况，也为政府制定资源、环境、经济社会可持续发展策略提供了重要的科学依据。

（5）通过对辽宁省综合绿色海洋GDP核算的研究，验证了本研究所构建的综合绿色海洋GDP核算体系的合理性、可行性和可操作性。

综合绿色海洋GDP是在SEEA-2012体系基础上提出来的一个全新的概念，其核算体系尚需要进一步补充和完善。实物量统计是价值量统计的基础，海洋资源、海洋环境和海洋生态系统服务的统计数据的缺失最终影响了海洋环境经济核算结果的质量和可比性。因此，必须逐步建立和完善我国海洋环境资源统计数据（实物量）基础的建设，提高统计数据的完整性、公开性和及时性。

综合绿色海洋GDP是各级政府进行科学决策的重要依据之一，而且综合绿色海洋GDP核算涉及面广，因此，综合绿色海洋GDP核算体系的构建，应当在国家决策下进行多个部门的合作，并且必须要有权威统计部门参与，以保证核算结果的客观性、真实性和科学性。

目　录

第1章 绪 论

1.1 研究背景

国民经济核算诸如国民总收入（GNI）、国内生产总值（GDP）、国民收入（NI）和社会总产出等国民经济核算体系（SNA），三百多年来经过许多经济学家、统计学家共同努力不断完善，几乎囊括了人类历史上在这一领域最新知识的杰出研究成果，是 20 世纪西方经济学"20 世纪最伟大的发明之一"。现行的国民经济核算体系（SNA）为衡量经济状况提供了统计的国际标准，已经成为各国国民经济核算所遵循的方法制度。因此，国内生产总值（GDP）常用来进行国家（地区）间的经济状况横向比较，或一个国家（地区）不同时期的经济状况纵向比较。

国内生产总值（GDP）作为国民经济核算体系（SNA）中最重要的总量指标，将一个国家在一定时期内其所有单位生产的最终产品与服务的总额价值，以市场交易为基础，以交易的货币价值来核算。GDP 反映了经济增长和社会进步的成果，反映了一个国家的整体经济、规模、经济总量和生产总能力和一个国家当年新增财富的总量。因此，GDP 是用来衡量一个国家或地区经济发展和进步程度最重要标志，是政府宏观经济管理的重要目标和依据，也往往被作为各级政府与官员的政绩考核标准。

但是，传统 GDP 只是对一定时期内其所有单位生产的最终产品与服务价值进行简单的累加，没有衡量和测算社会生产中自然资源减少、环境污染以及其他社会因素的影响所带来的价值成本。也就是说传统 GDP 无法体现经济活动对自然资源的消耗和对环境造成污染的代价，不能准确反映由于环境恶化造成的发展不可持续性和对人类的各种危害。而海洋 GDP 常被作为政府宏观经济管理的重要目标，以及各级政府与官员的政绩考核标准。一些国家（地区）为了增加海洋 GDP，盲目地促进经济发展，在短时间内无节制利用海洋资源，对海洋资源进行掠夺式开发；同时重复性消费以及某些产业泡沫经济使海洋GDP 迅速增长。然而，带来的后果是海洋环境恶化、海洋资源锐减、全球气候变暖、物种灭绝等一系列生态环境问题，这些问题已经严重威胁经济和社会的可持续发展和人类的生存。所以，这种单纯的 GDP 增长只是一种虚高，并不能完全反映社会经济发展水平的真实情况。

随着社会的发展和工业化水平的提高，以及海洋资源环境的日益恶化和对可持续发展认识的不断深入，特别是海洋 GDP 不能反映经济增长对海洋资源环境所造成的影响，其局限性也越来越受到社会的关注和学术界的质疑。现行的国民经济核算体系（SNA）不能真实反映一个国家（地区）的社会福利水平，不能满足体现可持续发展的经济社会发展评价需求。因此，构建一个新的能真实反映一个国家（地区）的社会福利的海洋经济核算体系的使命，已摆在各国政府和各界科学家们的面前。为了弥补传统海洋 GDP 在海洋资源和环境核算方面存在的诸多缺陷，自 20 世纪 70 年代开始，科学家就开始努力寻找一种从经济增长中扣除自然资本损耗，以及对生产过程中造成的环境伤害和社会损失的统计方法。联合国和世界银行在改进 GDP 核算的研究和推广方面做了大量的工作，提出了将自然资源和环境纳入核算体系的综合环境经济体系（SEEA），并以此为基础建立了扣除环境受损的修复成本和不可再生资源的损耗成本的绿色 GDP 的核算指标。2012 年，联合国统计署发布了最新一期的综合环境经济核算体系（SEEA-2012）。SEEA-2012 的经济核算体系，明确提出了自然生态系统功能的社会服务价值，建立了实验性生态系统账户。SEEA-2012 的绿色 GDP 在扣除环境受损的修复成本和不可再生资源的损耗成本的基础上，还拟加上生态系统自身产生的生态效益价值，能客观反映一个国家（地区）的经济、社会、环境之间的相互作用与影响以及社会福利水平。

我国借鉴联合国、世界银行与世界自然基金会提出的 SEEA 的基本理论，制定了《环境经济综合核算框架》（CSEEA）和《基于环境的绿色国民经济核算体系框架》，以此作为建立中国绿色海洋 GDP 核算的依据，启动了绿色海洋 GDP 核算。2006 年，我国环保总局和统计局联合发布了第一份《中国绿色国民经济核算研究报告 2004》。然而，当前我国绿色国民经济核算中存在的问题较多，如相关理论依然不成熟，没有形成完整的核算体系，虽已经开展了一些研究，但对自然资源损耗、较严重的环境污染问题等大部分核算内容的研究还不够深入，根本无法与绿色国民经济核算的需求相适应。在这种背景下，本文以可持续发展理论、环境价值论、生态经济学理论为基础，借鉴联合国综合环境经济核算体系（SEEA-2012），构建综合绿色海洋 GDP 核算体系，围绕如何有效地反映经济发展与海洋环境资源、海洋生态系统服务之间的相互关系，如何正确体现在国民经济核算体系下海洋环境资源价值这一核心问题展开深入研究与探讨，为我国的可持续发展提供科学管理决策依据。

1.2 研究目标和研究意义

1.2.1 研究目标

①本文在可持续发展理论、环境价值论、生态经济学理论指导下，以《环境经济核算

体系一中心框架（SEEA-2012）》和中国绿色国民经济核算体系为基础，增加生态系统账户，构建综合绿色海洋GDP核算体系。

②通过建立的综合绿色海洋GDP核算体系，对辽宁省的综合绿色海洋GDP进行核算，准确分析辽宁省海洋经济发展的可持续状况，为辽宁省的海洋经济可持续发展决策提供参考依据。

③通过对比不同核算体系得出的核算结果，分析综合绿色海洋GDP核算体系的科学性和可操作性，为逐步建立和完善我国绿色国民经济核算体系，以及我国实行绿色海洋GDP核算提供借鉴。

1.2.2 研究意义

综合绿色海洋GDP既体现了经济的增长速度，更反映了社会可持续发展的前提下的真实财富和净福利水平，以及国民的生活真实质量。综合绿色海洋GDP能够改变人们以往对经济增长的认识，使得人们的目光不再只停留在经济增长数量上，更多的是放在经济增长的质量和人们赖以生存的环境上。

首先，完善了现行的海洋GDP核算体系。国民经济核算不仅直接关系到经济运行状况的分析，而且也影响着宏观经济政策的制定。目前，海洋GDP是应用于评估国家（或地区）整体海洋经济发展水平和发展趋势的重要指标。虽然，传统的海洋GDP中任何产品都利用了海洋资源（资源消耗）和海洋环境（环境受损）的自然资本，但传统海洋GDP没有体现海洋资源和海洋环境自然资本，也没有体现海洋生态系统为人类服务的自然资本。从核算系统的要求和目的来说，任何一种不能反映自然资本作用的核算系统都是不完善的，也不能真实反映经济运行状况。本文建立的综合绿色海洋GDP核算体系，不仅估算了海洋资源消耗和海洋环境受损的自然成本，而且估算了海洋生态系统为人类服务的自然价值，完善了现行国民经济核算体系。

其次，更正了传统核算的错误理念。在传统的核算体系里，经济活动的最终产品（包括货物和服务）被认为是生产的结果，产品价值被认为是凝结在商品中的社会劳动的认可，也就是说产品的价值全部是人类劳动的结果。同时，环境有没有价值至今仍在争论，随着人们对环境的重要性认识的意识加强，赞同环境有价值的观点的人不断增多。但是，对于环境为什么有价值、有什么价值等问题，人们仍不明了。而综合绿色海洋GDP核算研究，能解答以上的几个问题。产品的价值中包含两种价值，即社会属性价值和自然属性价值。人类创造的价值属于社会属性价值这部分，而自然属性价值则从两方面体现：一是从环境的价值转移而来，也就是产品在生产过程中发生环境退化和资源消耗成本，这些成本作为环境投入转移到了产品的价值中；二是生态系统为人类提供福利，人们在享受时应付的"虚拟"成本。绿色海洋GDP理念将更准确地核算人类的真实产出。

再次，为国民经济可持续发展和生态文明建设提供了科学依据。自改革开放以来，我国 GDP 以 10% 的增长率迅速扩大，但这种高速增长是以牺牲环境资源为代价的，是不可持续发展的。综合绿色海洋 GDP 核算不仅能客观地反映国民经济增长与海洋资源、海洋环境之间的相互关系和海洋生态系统服务的贡献，体现海洋环境资本和海洋资源资本及海洋生态服务效益在社会总资本中的作用和地位，而且也能为政府提供经济和社会可持续发展战略需要的信息，把对社会生产力的核算和对自然生产力的核算有机结合起来，真正实现综合决策，保证国民经济可持续发展。

最后，有利于各级政府进行科学决策。以往，GDP 增长一直是考核干部政绩的最重要指标，有些地方官员为了突出自己的政绩，以牺牲资源、牺牲环境，甚至牺牲人民的生活质量来换取 GDP 的高增长。综合绿色海洋 GDP 不仅把资源、环境纳入核算，也把生态系统服务纳入核算体系。这就要求当地政府和官员在制定决策的时候不仅要注重 GDP 的增长，还要把整个经济社会的运行情况及未来的可持续发展进行统筹规划，把经济增长与环境保护、资源节约、社会发展放在一起综合考核。综合绿色海洋 GDP 能科学地、准确地反映出地方海洋环境资产的存量价值和流量价值，环境价值的总量及动态数据。综合绿色海洋 GDP 核算有利于地方政府更准确地掌握经济生产和环境的状态及变动情况，有利于地方政府合理地制定相关经济生产和环境政策，从而实现当地的社会、经济、环境可持续发展战略。

1.3 研究内容和研究方法

1.3.1 研究内容

本文将遵循"文献梳理和理论分析—核算体系建立—核算体系验证—展望与建议"的基本思路展开。本课题：首先，在文献梳理和理论分析的基础上，以海洋经济核算的定义和重要性为立足点，针对海洋资源的特点，归纳出综合绿色海洋 GDP 核算的主要内容，明确核算目标；其次，构建中国综合绿色海洋 GDP，设立核算框架，设计核算账户，确定核算方法；再次，使用实地调研和问卷调查的方法，对核算体系进行修正和验证，结合部分沿海省份的实践特点，分析综合绿色海洋 GDP 情况；最后，从企业和政府两个层面，提出合理化建议，以期为我国海洋经济核算指引方向。本文的研究内容由六部分组成，主要围绕综合绿色海洋 GDP 核算体系构建与应用这一主题展开。其中包括以下内容。

第一部分为绪论。通过对国内外文献、调研报告、理论书籍等资料的大量查阅与梳理，在相关理论分析的基础上，阐明综合绿色海洋 GDP 的内涵，论述综合绿色海洋 GDP 核算体系的特点，进而明确中国综合绿色海洋 GDP 核算体系构建的重要性，最终确立中国综合绿色海洋 GDP 核算体系的目标，核算综合绿色海洋 GDP，反映经济发展中海洋资源的破损情况和海洋资源对经济发展的积极作用。

　　第二部分是综合绿色海洋 GDP 体系构建。首先，在考虑综合绿色海洋 GDP 核算体系目标的基础上，确定综合绿色海洋 GDP 核算体系构建原则；其次，根据 SEEA-2012 和国外成功的环境经济核算体系，结合中国海洋绿色 GDP 核算体系框架，提出综合绿色海洋 GDP 核算体系的主要内容，确立核算体系总体框架；再次，结合海洋资源的资源特性，建立综合绿色海洋 GDP 核算账户包含的账户和表格类型；最后，结合海洋环境资源价值核算的基本原则，对海洋经济生产总值、海洋资源成本、海洋环境成本和海洋生态系统服务价值的具体评估方法进行评述。

　　第三部分建立了综合绿色海洋 GDP 核算账户。该部分介绍了综合绿色海洋 GDP 核算账户包含的账户和表格类型，阐明了经济单位的定义、存量和流量的核算以及记账和估价的原则，提出了环境资源核算调整为综合绿色海洋 GDP 的转换与连接方法。

　　第四部分介绍综合绿色海洋 GDP 的核算方法。根据综合绿色海洋 GDP 核算体系总体框架，分别从海洋经济生产总值、海洋资源成本、海洋环境成本和海洋生态系统服务价值四个方面论述核算方法，计算出综合绿色海洋 GDP 的最后结果。

　　第五部分通过对 2015 年辽宁省各沿海城市的海洋经济生产总值、海洋资源成本、海洋环境成本和海洋生态系统服务价值的核算，调整出最后的综合绿色海洋 GDP 的最终结果，政府和企业可以通过综合绿色海洋 GDP 分析和评价，正确理解海洋经济高速发展中牺牲的海洋资源环境，认识保护海洋环境资源、海洋生态系统的重要性。

　　第六部分从经济角度、环境角度和海洋社会角度出发，提出了将经济发展与海洋资源优化配置并行的政策建议。

　　本文的研究思路、框架和方法如图 1-1：

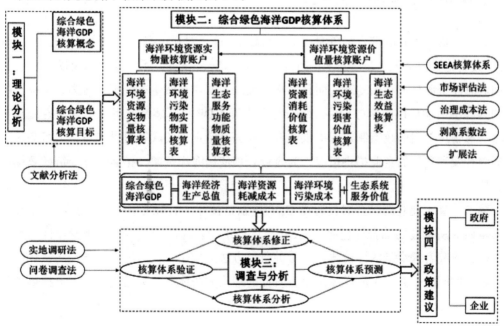

图1-1　研究思路、框架和方法图

1.3.2 研究方法

本文所采用的是规范分析和实证研究相结合的研究方法。规范分析为本文研究问题的引出、理解以及严谨研究设计的构建奠定了坚实的理论基础，如文献分析法；而实证研究为深刻地认识研究问题和全面地解决研究问题提供了可靠的依据，如深入企业的实地调研、案例研究法等。

（1）文献分析法

本文首先应用文献分析的方法，按照本文研究的逻辑顺序梳理和总结环境经济核算、海洋经济核算等相关的文献，并对已有的国内外文献进行整理和文献评述找到本文拟研究问题的焦点以及所采用的科学研究方法。

（2）实地调研法

本文应用客观的态度和科学的方法，针对海洋经济发展运行及海洋经济核算，对辽宁省内各大海洋企业进行实地考察，并搜集大量资料以统计分析、计算 2015 年辽宁省综合绿色海洋 GDP，从而研究所建立的综合绿色海洋 GDP 核算体系的合理性。

（3）案例研究法

本文通过运用辽宁省海洋经济运行情况这一具体的案例，结合实地调研法核算出辽宁省 2015 年综合绿色海洋 GDP，并对所得结果进行分析，为辽宁省今后的海洋经济与生态环境的和谐发展提供政策性建议。

1.4 研究贡献和创新点

第一，提出了新的综合绿色海洋 GDP 概念，这是对绿色海洋 GDP 的延伸。综合绿色海洋 GDP 将资源消耗、环境损害和生态效益纳入经济核算体系，这不但反映了社会经济活动对海洋资源环境利用动态，而且客观地反映了海洋自然生态系统直接为人类提供的福祉和为经济活动提供的服务价值。综合绿色海洋 GDP 核算体系既可为国家、省级和市级自然资源管理部门的政策制定者提供咨询，并为其制定相关政策提供参考，又可为从事海洋资源开发和利用的企业提供指引，为企业合理使用海洋资源，拓展海洋经济核算提供数据支持。

第二，基于建立的综合绿色海洋 GDP 体系，核算了沿海省份综合绿色海洋 GDP，验证了本研究所构建的综合绿色海洋 GDP 核算体系的合理性、可行性和可操作性，为海洋经济核算研究者提供新的评价体系。多种研究方法的使用，在实现对海洋经济核算体系系统性研究的同时，夯实了海洋经济核算研究的理论方法体系，为相关研究人员提供了参考和借鉴。

第 2 章 文献综述与研究现状

2.1 传统 GDP 核算的局限性

从生产法计算看 GDP，GDP 是一定时期总产出扣除其中间投入的差额。国内生产净值（NDP）是 GDP 再扣除固定资本消耗的结果。无论是固定资本消耗还是中间投入，都必须是其他生产过程的产出，并不包含在 GDP 内。这就意味着，国内生产总值的投入和代价仅限于各种货物，与服务与环境资源和自然资源无关。

从支出法计算看 GDP，GDP 由三大部分组成，即最终消费、资本形成和净出口。其中资本形成只包括生产资产增加，非生产资产不在其内，由此给人们造成这样的印象：经济产出仅是经济投入的结果，与环境资源的投入和自然资源的利用无关；自然环境游离于经济过程之外，其动态变化与当期经济过程没有关系，只是纯粹的自然过程。可见，人们在生产核算中忽略了环境的退化和自然资源产品在经济活动中的作用和贡献，进而忽略了环境质量恶化和自然资源匮乏对经济过程的约束，这就使得最终 GDP 只反映了增长部分的"数量"，其增长的"质量"却无法反映出来，不能反映可持续发展的水平和动态变化。

现行的国民经济核算体系（SNA）未能全面反映经济与环境资源的关系。首先，GDP 确定的核算范围只是市场活动以及与市场有关的经济活动，并没有覆盖全部的经济活动，而与市场无关的许多非市场化的经济活动被排除在国民核算范围之外。其次，GDP 资产存量核算，只有生产资产才是可以运用以及因经济产品的积累而增加的资产，其存量的变化与当期经济流量核算相关联；非生产资产（包括环境在内的）并不作为生产过程的投入看待，资产的变化与当期经济过程没有直接的联系。按照资产形成方式，非金融资产分为生产资产和非生产资产两类。由人类生产直接创造的，以及由以往时期产出转化而成的资产称为生产资产；非生产资产则包括矿藏、土地以及非人工培育的森林等各种自然资产，还包括专利、商誉等无形资产。这些资产产生于直接生产以外的过程。GDP 核算中只核算了那些符合经济资产定义的环境和自然资源资产，并没有核算那些不符合经济资产定义的非生产资产。也就是说，大量的自然资产由于不符合经济资产的条件未能纳入国民经济核算的资产范围，因此，国民经济核算框架无法完整地体现经济与环境资源的关系。

实际上，自然资源与环境参与了各种经济活动。一是利用环境（向环境排放废气物）、消耗资源（如矿产资源）而获得经济产品的活动，二是以保护（植树造林）和恢复（废弃物处置）环境为主要任务的经济活动。由于环境的利用、自然资源的消耗和自然生态的破坏并没有通过市场交易，因而一直被排斥于核算体系之外。也就是说，GDP 核算中既没有体现经济过程对环境的影响，也没有反映资源因素对经济过程的作用，没有衡量和测算社会生产中自然资源减少、环境污染以及其他社会因素的影响所带来的价值成本。此外，人们的消费活动也可分两种情况。一种是真正提高自身福利水平的消费，另一种是因为治理环境恶化所消耗的消费。但现行国民经济核算体系（SNA）中没有区分这两类消费。因此，GDP 中包括有损害发展的"虚数"部分，不能真实表达社会的财富和福利水平。

总的说来，现行的 GDP 规模越大、增长速度越快，对自然资源消耗就越大，造成生态环境和自然资源无偿的"透支"，这会给一个国家或地区带来生态危机，严重威胁着人类的生存和可持续发展。GDP 的核算中实际上有一部分是以牺牲生态环境和自然资源为代价，只反映了经济增长的正效应，掩盖了经济生产过程中造成的环境质量退化会降低人类健康和福利水平的负效应。GDP 的增长，从表面看来是经济繁荣，而繁荣背后却是自然资源和环境破坏的严酷现实。GDP 只反映一个国家或地区经济增长的数量而并不能真实反映其增长的质量。GDP 核算中大量的自然资产由于不符合经济资产的条件而未能纳入国民经济核算的资产范围，可见，GDP 核算体系不能衡量社会公正分配；环境降级成本和自然资源消耗成本及生态服务效益在 GDP 核算中被忽略，意味着 GDP 指标不能客观反映经济增长的效率、效益和质量。如果盲目单纯追求 GDP 的增长，就有可能使环境状况恶化和自然资源损失，进而导致经济不可持续发展。

2.2 绿色 GDP 概述

2.2.1 绿色 GDP 的概念与内涵

1994 年，联合国统计司响应《21 世纪议程》中的建议，发布了《国民核算手册：综合环境经济核算体系（SEEA-1993）》。在 SEEA-1993 中显示了可持续发展概念和进行环境核算理念，建议建立自然资源账户和污染账户，对环境资产进行全面核算。因此，就出现了绿色 GDP 这个概念。但是，世界上还没有一个国家提出过准确的、公认的绿色GDP 概念，而且，目前学术界对绿色 GDP 尚无一个权威的定义，但我国学者王兵研究员提出了"生态 GDP"的新概念。

国内生产总值（GDP）是传统国民经济核算（SNA）的核心指标。当联合国与世界银行等组织提出了将自然资源和环境纳入核算体系的综合环境经济体系（SEEA）后国内生产总值（GDP）核算就需要依据 SEEA 理论、标准，遵循 SEEA 的方法和制度。在 SEEA

体系下国内生产总值（GDP）核算是指以保护环境和可持续利用自然资源为出发点，在现有国民经济核算的基础上，扣除经济活动中的环境污染代价与自然资源耗减成本，进行的经济、资源、环境综合核算。"绿化"是我国政府常用的词，如"绿化"祖国、"绿化"环境、建立"绿化"国民经济核算等，于是就有了我国的绿色 GDP 概念。

尽管目前学术界对绿色 GDP 概念没有一个权威的定义，但各种定义较为一致的是，绿色 GDP 是在考虑了人类生产活动对环境恶化和自然资源损耗的基础上对 GDP 进行修正来定义的。从目前的研究看，大致分为狭义、广义两种绿色 GDP。狭义绿色 GDP 是对传统 GDP 进行资源环境成本调整，在传统 GDP 中扣除自然资源耗减价值与环境污染造成的损失价值后的国内生产总值（绿色 GDP）。广义的绿色 GDP，是将传统 GDP 与经济福利结合起来进行修正，从传统 GDP 中扣除了不可再生资源损耗价值、生态破坏成本和环境污染价值损失后的绿色 GDP。也有研究者把广义绿色 GDP 核算公式表述为：绿色 GDP=传统 GDP- 人文部分的虚数 - 自然环境部分的虚数。式中，人文部分的虚数就是经济增长对人的各种权益福利造成侵害的价值成本，自然环境部分的虚数就是资源耗减和环境损失的价值成本。

由此可见，绿色 GDP 是在可持续发展观的指导下产生的。可持续发展具有自然意义上的可持续发展和社会意义上的可持续发展双重含义。从理论上讲，绿色 GDP 扣除了自然环境部分和人文社会部分的虚数。其中，自然部分虚数包括自然资源的退化与配比的不均衡、资源稀缺性所引发的成本、污染造成的环境质量下降、能源的不合理使用导致的损失、长期生态质量退化导致自然灾害造成的经济损失等五大因素。人文部分的虚数则涵盖了由失业、犯罪、教育水平低下和文盲状况导致的损失，由疾病和公共卫生条件所导致的支出，由人口数量失控和管理不善（包括决策失误）造成的损失，等等。

2.2.2 绿色 GDP 的不足

虽然，绿色 GDP 核算把经济活动和与之相关的环境活动有机联系起来，解决了社会经济发展过程中的资源消耗过大、环境损害严重等问题，但随着人类对生存的环境和社会拥有财富的认识进一步深入，发现绿色 GDP 核算仍存在一些不足，还不能完全反映经济、环境、社会的可持续发展的全貌。

绿色 GDP 核算体系侧重于对经济发展过程中环境资源损失的代价进行核算，即在传统 GDP 中扣除生态破坏损失和环境污染成本，因此，国内生产总值只不过是将一个国家在一定时期内其所有单位生产的最终产品与服务，扣除环境资源损失成本后的总额货币价值。可见，绿色 GDP 对社会财富的理解依然停留在传统 GDP 的理念上。

环境恶化和资源枯竭已经制约经济的可持续发展，人们为了解决经济发展中资源过度消耗和环境损害问题才提出绿色 GDP 概念。那么，绿色 GDP 给人的印象是，经济总量增长必然是建立在自然资源消耗增加和对环境产生伤害的基础上的，这种观念或多或少对

GDP 增长的认识存在一定的局限。绿色 GDP 核算反映了资源和环境在经济活动中发挥的重要作用，从经济价值量的角度上正确评价了社会经济发展的真实状况，但是，它仅仅考虑了经济发展对环境损害和资源消耗的价值量，并没有考虑支撑着人类生存（包括人类社会的经济活动）的自然生态系统服务价值。这从侧面反映出绿色 GDP 对自然生态系统服务的主观能动性认识不足。

绿色 GDP 核算主要是反映经济发展对资源和环境造成的不利影响，强调环境在 GDP 中的负价值。虽然在某种程度上能提高国家（或地区）在经济发展过程中对环境保护和治理的重视，但是绿色 GDP 核算仅从经济角度对人类社会发展进行核算，而忽略了从自然生态系统服务对人类社会发展的角度进行核算。实际上人类社会的发展并不单纯体现在经济发展上，自然生态系统为人类提供生态服务效益，这不仅是社会财富，而且良好的生态环境更有利于促进经济、社会的向前发展。从这点上分析，绿色 GDP 只能说是可持续发展的指标之一，而不能体现可持续发展的全部内涵。

2012 年联合国统计委员会又推出了新的环境经济核算体系《2012 年环境经济核算体系：中心框架（SEEA-2012）》，并将其作为一项国际统一标准。虽然，人工培育的生物资源（如人工林）以及自然生态系统的服务功能（价值）并不属于 SEEA-2012 界定的自然资源范畴，但是，SEEA-2012 建立了试验性生态系统账户。在当前绿色 GDP 仍存在不足的情况下，本研究将在 SEEA-2012 的体系框架下，根据已建立的试验性生态系统账户的要求，提出一个新的综合绿色 GDP 概念，并构建综合绿色 GDP 核算体系（这些在本文第三章再作详细论述）。

2.2.3 绿色 GDP 核算在我国执行的难度

绿色 GDP 是在可持续发展理论指导下产生的，绿色 GDP 核算是对经济发展过程中的资源消耗、生态破坏损失和环境污染成本进行核算。可见绿色 GDP 核算体现了经济过程对环境的影响，也反映了环境对经济过程的作用，扣除了经济发展的"虚数"部分，反映了社会生产过程的经济活动的质量，更科学地衡量一个国家（地区）的真实发展和进步。联合国推出综合环境经济核算框架（SEEA-2003）后，我国就开展了中国的绿色 GDP 核算工作，有关部门对我国 2004 年到 2010 年的国内生产总值进行了绿色 GDP 核算。从这 7 年执行绿色 GDP 核算的实践看，绿色 GDP 核算在我国推行还有一定难度。

首先是技术层面的困难使绿色 GDP 核算难以执行。

①统计数据不健全。在绿色 GDP 核算体系中要建立实物流量和与经济有关的环境活动流量账户，从中国绿色国民经济核算研究报告中看出：核算账户实物流量中只有森林资源、矿产资源、水资源、土地资源消耗实物流量表，造成环境退化的实物流量只有原煤、原油和天然气。实际上与经济活动有关的资源消耗和造成环境退化的实物不止这些，如我国在农业经济生产中投入了大量的化肥和农药，化肥和农药不仅污染环境，而且还对耕地

产生伤害。然而造成环境退化的实物流量表中没有这些实物的数据，更重要的是与经济有关的环境活动的统计数据遗漏更多。SEEA 明确解析了环境活动分为环境保护与资源管理两类。虽然我国统计中有产品的产出、出口、增加值以及就业和固定资本等指标，但与环境相关的交易，如环境税、环境补贴、有偿付费以及经济增长对人的各种权益福利造成侵害的价值成本等数据却完全缺乏。基础数据的不完整造成绿色 GDP 的"失真"，因而造成人们对绿色 GDP 核算失去信心。

②统计量纲不统一。由于绿色 GDP 核算把大量与经济活动有关的各种资源包括在统计范围内，环境资源量和自然资源的量纲并不完全统一。然而，不同类型、不同质量、不同形式的物质由于存在差异，它们之间是不能直接进行加减的。如何给内容特征不同的物质找到一个统一的量纲计量单位，一直是绿色 GDP 核算中的难题之一。虽然，瓦克纳格尔（Wackernagel）等人构建了"生态足迹"度量指标，将人类需求和自然界供给的资源量转化为全球一致的生物生产性土地面积进行统计，但是这样做工作量大，给实际操作带来难度。

③开展绿色 GDP 核算技术的另一个难点是环境与自然资源的准确定价。目前，GDP 核算在自然资源消耗定价上，基本上采用使用成本法、净价值法和净租法三种方法。净租法一般用于不可再生资源，对环境降低成本的定价大都采用维护成本法和损害法。由于各国经济状况不同以及对环境保护认识程度不一样，那么，对同一种资源或环境降低成本所定的价值也不一样。我国单位矿产资源恢复费用，如石油的理论恢复费为 592.9 元／吨，实际恢复费为 463.55 元／吨。实际上，石油需要生物经过上千万年的地质因素演化形成，并且难以更新。人类付出的价值不是石油的真实价值。如何用统一标准来估量资源的真实价值，一直是绿色 GDP 核算的难点。为解决这个问题，奥德姆（Odum）创立了能值理论和分析方法。该理论认为，自然界的一切资源和人类创造的所有财富中的能量都直接或间接地来源于太阳能，可以用太阳能值为基准来度量各种能量的能值大小；从能值的概念出发，无论是可更新资源或不可更新资源，还是产品、劳务，甚至是教育、信息和科学技术都可以用能值来评估其价值。但是，目前，能值理论和分析方法还没有被任何国际组织或国家政府认可，且过于复杂，这使它难以应用到绿色 GDP 核算的实际操作中。

其次是政策层面上的阻碍。目前以 GDP 为主的经济发展观仍主导着各级政府，GDP 的总量和增长速度是政府宏观经济管理的重要目标和依据，也往往被作为各级政府与官员的政绩考核标准之一。绿色 GDP 中扣除了经济发展过程中的资源消耗、生态破坏损失和环境污染成本，无疑使地区的经济 GDP 增长率降低。从我国连续 7 年（2004 ～ 2010 年）绿色 GDP 的核算结果看出，环境退化成本增长了 115%（从 5118.2×10^8 元提高到 11032.8×10^8 元），虚拟的治理成本增长了 94.5%（从 2874.4×10^8 元提高到 5589.3×10^8 元），这表明我国经济社会总体仍在拼消耗、拼资源、以破坏生态环境为代价的褐色经济的轨道上发展。2004、2008、2009 和 2010 年，我国 GDP 中扣除了经济发展过程中的资源消耗、生态破坏损失和环境污染成本后，GDP 分别缩水 4.85%、3.9%、3.8% 和 3.5% 左右。经绿色 GDP 核算后当年 GDP 的增长率将所剩无几，从而挫伤了政府促进经济发展的信心和官员的积极性，造成政府官员不愿意谈及绿色 GDP，甚至"谈绿色变"。我国已经完成 2004 ～ 2010 年的《中国环境经济核算研究报告》。但是，对绿色 GDP 的计算方式和科学性以及《中国环境经济核算研究报告》要不要公布以及如何公布问题，一些政府部门在认识上分歧很大，争议很大，因此，仅 2005 年正式发布了全国的绿色 GDP 核算报告，之后再没有把环境资源核算结果公布于众。由此可见，绿色 GDP 核算在我国推行还有难度。

由于绿色 GDP 核算扣除了经济发展过程中的资源消耗、生态破坏损失和环境污染成本，因此，企业利润会有所减少，这或多或少地影响地方政府的税收。可见，实行绿色 GDP 核算必然会涉及企业和有关部门的利益得失，为了自己单位的利益，这些单位会给绿色 GDP 核算产生各种各样的阻力。

国家对绿色经济产业投资不足。2010 年我国房地产行业的投资最多，接近当年全国投资的四分之一（23.84%），对水利、环境和公共设施管理等的投资约占 9.22%，对农、林、牧、渔业这些低能耗的产业投资仅占 1.64%，在节能降耗、废物回收等方面的投资则更小。目前我国一些地方政府仍热衷于"资源高投入、能源高消耗、环境高消费"的"三高"传统经济发展模式，对绿色 GDP 核算有抵触情绪，阻碍了绿色 GDP 核算的实行。

2.3 海洋经济核算研究进展

传统 GDP 的计算中，人们在经济活动中的作用和贡献是用货币来衡量的，仅仅计算了经济产品价值，忽略了自然资源产品损失和环境退化的价值，以及在生产产品过程中对环境造成的污染损失。人类经济社会所生产产品的大部分原材料都来自自然环境系统。随着国民经济的快速发展，资源的消耗越来越大，导致海洋资源变得越来越稀缺和匮乏。同时在人类的经济活动过程中造成的海洋环境问题日益突出。温室效应、空气污染、海岸线退化等问题使人类生存环境渐趋恶化。

环境恶化和资源枯竭已经制约经济的可持续发展。西方国家认识到传统 GDP 的弊端，并为人类未来担忧。基于保护环境和可持续利用自然资源，国际上对环境、资源、经济发展之间的关系一直进行着艰辛的理论探索，逐渐意识到在国民经济核算中要体现环境和经济的协调关系，能有效反映经济、社会发展与环境之间的相互关系及其变化。于是，环境核算作为社会核算的组成部分被呼吁而出。

2.3.1 海洋经济核算指标的国际研究进展

从 1970 年开始，联合国、各国政府、一些国际研究机构和众多的科学家们，围绕如何构建海洋经济核算进行了大量理论探索和实践方法研究。

1971 年，美国麻省理工学院首先提出"生态需求指标（ERI）"，该指标不仅阐明经济增长对资源环境压力的对应关系,而且可被用来定量测算它们。

1972 年,两位学者詹姆斯·托宾(James Tobin)和威廉·诺德豪斯(William Nord-hous)共同提出"净经济福利指标(NEW)",并提出应从 GDP 中扣除海洋环境污染等经济行为所产生的社会成本,而且还应该扣除被忽略的社会义务和家政活动等经济活动所产生的社会成本。

1973 年,日本在国家层面上提出"净国民福利指标(NNW)",该指标把生产经济活动与由此产生的海洋环境污染联系起来,把海洋环境污染治理成本从 GDP 中扣除。

1989 年,卢佩托(Robert Repletion)等人提出"净国内生产指标(NDP)",该指标描述了经济增长与海洋资源的耗损之间的关系,认为如果不把海洋资源的耗损从 GDP 中扣除,会造成 GDP 的"虚高"。

1990 年,世界银行资深经济学家赫尔曼·达蒂(Herman Daty)提出"可持续经济福利指标",该指标不仅考虑了诸如失业率、犯罪率和财富分配不公等社会因素所造成的成本损失,还提出如医疗支出只算是社会成本,不能算作对经济的贡献。该指标清晰地厘清经济活动中的效益与成本。

1995 年,世界银行提出了"扩展的财富"指标和"真实储蓄率"指标。扩展的财富指标使"财富"概念超越了传统国民经济核算体系赋予的内涵,财富应包括生产资本、自然资本、社会资本和人力资本。"扩展的财富"比较客观、公正、科学地反映了一个国家(地区)社会经济发展的真实情况,为国家(地区)拥有的真实财富及其发展动态变化,提供了一种更具有可比性的统一标尺。"真实储蓄率"构成了绿色国民储蓄的一个综合性框架,国民储蓄将经济发展与资源环境保护紧密结合起来,不仅客观地测度了一个国家(地区)财富的存量,而且能真实地测度一个国家(地区)财富的动态变化,及其所显示的"储蓄率"的变化。

1996 年,瓦克纳格尔等人构建了"生态足迹"度量指标。生态足迹指标对可持续发展测度最重要的贡献在于其概念的形象性,通过引入生物生产性土地的概念,实现对各种自然资源的统一描述,将资源量转化为全球一致的生物生产性土地面积。人类的需求和自然界的供给通过相同的单位比较,使得我们能够明确判断现实与可持续发展的距离。

1997 年,康斯坦特(Constanta)等人建立了"生态服务指标体系(ESI)"。要估算生态服务价值,首先要建立评价指标体系,这是估算生态服务价值的基础。通过康斯坦特等人建立的生态服务指标体系,可以估算自然生态系统维持生命系统和支撑人类生存环境等多种功能及其相应的生态服务价值,更加深刻地理解人类与自然界之间的关系。

2.3.2 海洋经济核算框架体系的国际研究进展

20 世纪 70 年代联合国开始进行海洋经济统计方法与模式研究,编写出了《环境统计资料编写纲要》。20 世纪 80 年代初提出了"绿色核算"的概念。在 1987 年联合国环境与发展委员会的《我们共同的未来》报告中阐明了经济和社会发展与环境能力之间的联系，并提出"可持续发展"理念。1989 年联合国、世界银行、经济合作与发展组织、欧洲经济委员会和国际货币基金组织联合开展了关于"海洋经济综合核算问题"的研究，并于 1992 年完成"SNA 框架"和"环境卫星账户的 SNA 框架"两项研究成果。同年联合国环境与发展会议的成果文件《21 世纪议程》中建议各国尽早实行海洋经济核算。

1994 年，联合国统计司响应《21 世纪议程》中建议，发布了《国民核算手册：综合环境经济核算体系（SEEA-1993）》。在 SEEA-1993 中显示了可持续发展概念和进行海洋经济核算理念，同时该国民核算手册建议建立海洋资源账户和污染账户，对海洋资产进行全面核算。这是一个临时性版本，由于相关概念和方法并未完善，引起了激烈的讨论。

联合国环境规划署和联合国统计司在内罗毕小组编写的材料基础上，出版了《综合环境和经济核算业务手册（SEEA-2000）》。SEEA-2000 中把 SEEA-1993 出版后讨论内容进行整理，阐述了经济核算和综合环境在制定政策中应用的重要性，提供了关于实施海洋经济核算体系更实用模块的分步指导。

同时，一些国际机构（国际货币基金组织、欧盟委员会、经合组织和世界银行）也在进行此项工作的研究，并与伦敦小组合作修正 SEEA-1993。2003 年联合国与这些国际组织共同编写了《国民核算手册：2003 年综合环境和经济核算（SEEA-2003）》。SEEA-2003 无论是定义和方法的协调统一，还是材料广度和环境及经济核算概念等方面都比以前的版本提升许多。

但是，将 SEEA-2003 作为一种国际统计标准，在联合国或国际机构始终没有被正式通过。由于海洋资源重要性的认识日益深入，如何正确体现在国民经济核算体系下海洋资源价值的呼声不断，于是在 2007 年的联合国统计委员会举行的第 38 届会议上商定，对 SEEA-2003 进行再次修改，并拟定在 5 年内使环境经济核算体系作为一种国际统计标准。

经过几年对 SEEA-2003 的进一步完善，2012 年，联合国统计署和 WB 终于推出了新的《环境经济核算体系：中心框架（SEEA-2012）》，并使其作为一项国际标准，在 2012 年 3 月联合国统计委员会第 43 届会议上通过。这是首个环境经济核算体系的国际统计标准，它将环境的统计及其与经济的联系纳入官方统计的核心。

"SEEA-2012"与"SEEA-2003"版本相比有四个明显的变化：

①扩展了环境退化内涵和与之相关的核算方法内容，尤其是造成生态系统退化的估价方法；

②建立了一个可供查找各国核算网络平台和相关范例材料的档案；

③完善了"SEEA"选项中相关的核算方法；

④"SEEA-2012"中心框架是在 2008 年修改的"SNA"基础上构建的，新设立了对生态系统物质量进行评估的试验性生态系统账户。"SEEA-2012"作为国民经济核算体系的附属卫星账户，为海洋经济核算提供了国际统一的统计标准。通过建立环境核算账户和资源核算账户，将资源环境因素纳入国民经济核算体系，实现综合环境经济核算，真实地

反映资源环境与经济之间的关系。

目前，国际上在海洋经济核算框架体系研究中，除联合国推出的《综合环境与经济核算体系（SEEA）》外，还研究了几种环境经济核算体系。

荷兰统计局提出了《包括环境账户的国民经济核算矩阵体系（NAMEA）》的绿色核算。"NAMEA"又称为国民经济环境核算矩阵，其核算方式是建立两组与环境有关的账户，这些账户是以实物单位表示的，并不是以货币单位表示的。"NAMEA"显示了自然环境和生产消费活动之间的联系。

欧盟统计局提出了《欧洲环境的经济信息收集体系（SERLEE）》的绿色核算体系。该体系在 SNA 的基础上进行了扩展，以环境保护为基础，提出以污染者付费为原则，着重对环境保护支出进行核算。

目前菲律宾采用的是《环境和自然资源账户计划（ENARP）》绿色核算。1998 年，美国经济学者海米·M.佩斯金（Hemy M.Peskin）教授提出了该核算体系。"ENARP"同样把环境和自然资源纳入国民经济核算。

2.3.3 国际对"SEEA"的实践研究进展

"SEEA"体系建立在传统国民经济核算体系的基础上，兼容并蓄各种体系的优点，新增了涵盖各种自然资源与环境卫星账户，因此，在国民海洋经济核算中，许多国家都采用了"SEEA"体系。

美国依据净经济福利指标（NEW），估算了 1940 ～ 1968 年美国的年平均净经济福利，由此得出 1940 ～ 1968 年美国的年平均净经济福利在 GDP 中不足 50%。1993 年，日本制定了各种污染物的排放标准，并规定凡是超标的治理费都应在 GDP 中扣除，于是在 GDP 扣除环境治理成本后的净国民福利增长率为 5.8%，而日本当年的 GDP 增长率却有 8.5%。1871 ～ 1984 年印尼平均经济增长率为 7.1%，利用净国内生产指标（经济增长减去自然资源损耗）进行调整后，其平均经济增长率仅为 4.8%。通过可持续经济净福利指标（ISEW）核算澳大利亚 1950 ～ 1996 年真实的经济增长率，发现 1950 ～ 1996 年 GDP 增长率比真实的经济增长率高 42.85%。欧洲环境局实施生态系统和土地使用的核算计划，虽然根据联合国 SEEA 的指导方针进行，但在实际操作上对生态系统和土地使用的核算中数据监测、收集和处理，以及数据同化和融合的统计方法进行了改进，符合欧洲环境政策一体化的需求。挪威是进行自然资源核算最早的国家。1981 年挪威政府首次公布和出版了"自然资源核算"数据。1990 年墨西哥在联合国支持下率先实行绿色 GDP 核算。加拿大、韩国、瑞典也在联合国提出的"SEEA"体系上，编制了环境资源核算。

将资源环境纳入国民经济核算的理论研究和实践探讨上，国外许多学者为此进行了不懈的努力。罗伯特·史密斯（Robert Smith）从理论和实际操作两方面对"SEEA"的实施进行了认真分析，他认为对于公共政策影响的缺陷，环境核算可以有效地进行修正。沃克

（B. H. Walker），皮尔森（L.Pearson）提出，在看待海洋资源上，现有的国民经济核算方式存在多方面的缺陷，导致这些存量被高估；同时他们也提出了基于存量以衡量可持续发展的方法，并以澳大利亚东南部为例，对资本存量进行了评估。

彼得·巴特姆斯（Peter Bartelmus）认为修订后的"SEEA"细化了海洋资源的估价技术，但他偏向于以实物核算和系统连贯性的损失方式对海洋资源量进行评估，并认为这样才能客观地体现海洋资源的可持续发展。艾弗森（Knut H. Alfsen）和马斯·格瑞克（Mads Greaker）仔细地分析挪威 1980 年以来的海洋经济核算结果后，认为海洋经济核算结果的好坏将能影响政策制定的走向，并从整体和细节两方面提出海洋经济核算中要注意的问题。

约翰·塔尔伯斯（John Talberth）利用多个国家 30 ~ 50 年的基础数据，建立了 GDP 与绿色 GDP 增长模型，同时也建立了 GDP 与绿色 GDP 的差距模型，结果发现，在 GDP 与绿色 GDP 增长之间存在负的非线性相关，但它们差异的增长之间存在正的非线性相关。彼得·巴特姆斯（Peter Bartelmus）认为，扩展的国民经济核算的目的并不完全是用来衡量经济福利，更重要的是应以经济活动对海洋资本的耗减成本对环境的可持续性进行评估。

理查德·奥蒂（Richard M. Auty）通过毛里塔尼亚和乍得案例分析，说明 SEEA 和净储蓄可以用于诊断政策是否失误。通过 SEEA 加强对海洋资源的健全管理，并以净储蓄率的形式提供一种政策可持续性指数，这一可持续性指数能对低收入但资源丰富的国家制定提高经济效益的政策提供指导。

斯特凡（Stefan Giljum）等人认为，当今出现的许多环境问题主要是过度利用自然资源引起的，保护自然资源就应准确测定自然资源量和确定自然资源的使用尺度。为此，他在现有的资源利用测量方法基础上提出了一套新的资源利用补充指标。这套指标把人类的生产和消费作为一个整体看待，可以作为一般性指标框架。

西蒙·迪茨（Simon Dietz），埃里克·诺伊迈耶（Eric Neumayer）在测量弱可持续性和强可持续性时，对如何应用 SEEA 体系，以及如何应用环境核算数据进行了深入研究。詹姆斯·波埃德（James Boyd）利用生态经济理论，对绿色 GDP 核算中如何在市场经济平等基础上核算海洋的价值进行了分析。同时他与斯宾塞班扎夫（Spencer Banzhaf）一起，为了解决"生态系统服务"纳入福利核算这个难题，提出了"最终生态系统服务单元"的定义，其目的在于使这些单元与国家核算中定义的传统的其他商品和服务具有可比性。这类单元为环境保护市场和政府对环境效益的衡量提供了一个基本体系框架。

阿布德尔加尔（E. A. Abdelgalil）在一般均衡模型（CGE）的基础上开发了一个新模型。其模型可解决两个问题：一是能预测绿色 GDP 的未来前景，二是选择什么样的政策更有效。同时他认为在环境友好型经济发展前景下，绿色 GDP 在短、中期不会有较大增长，只有在制定了有效的政策、解决了一系列经济增长和资源退化之间冲突的特定的结构条件下，绿色 GDP 才有大的提升。布什（Malte Busch）等人通过意大利和德国的研究案例，对两国定性和定量评估海洋生态系统服务价值的方法进行了分析，讨论了它们的缺点、特点及相对优势，并确定了应用这些方法的最佳条件，同时提出了在决策过程中如何改善与实施生态系统服务方式的建议。

维韦卡·帕姆（Viveka Palm）在分析"SEEA"核算体系时，将环境税和补贴作为其统计的一部分，他介绍了环境税和补贴核算与工业排放数据的联系，同时说明不受监管的行业与环境之间、排放与环境税之间存在不对称问题。他还认为如果要比较国际竞争的影响，一个完全成熟的环境税和补贴的国际数据是必不可少的。加里·斯托纳姆（Gary Stoneham）等人的贡献在于，利用试点的数据建立了一个符合海洋经济综合核算体系的实物环境资产账户，并提出了估算海洋生态系统服务的交易对 GDP 贡献的方法。

艾哈迈德·阿蒂尔·阿西奇（Ahmet Atil Asici）利用 213 个国家 1970～2008 年的数据，应用固定效应的工具变量（IV）方法进行回归分析，探讨经济增长与自然压力的关系。结果得出收入和自然压力之间有正向关系，认为收入增加会增加对海洋自然环境的压力，而且贸易的增加也会加大对海洋的压力。

2.3.4 海洋经济核算理论的国内研究进展

福建省是我国最早开展海洋经济统计核算的省份，2000 年 12 月，福建省海洋与渔业局联合福建省统计局共同完成了"福建省海洋经济统计核算方法研究"课题，确定了福建省海洋经济核算的指标体系、数据来源、核算与范围及计算方法。

2003 年 3 月，浙江省统计局与浙江省海洋与渔业局共同完成了"浙江海洋经济统计与核算研究"课题。该课题对界定了海洋经济结算范围，对海洋经济统计指标体系的建立、统计数据的获取、核算方法的指定有了更明确的方向，同时，以 2001 年浙江海洋经济发展为实例进行深入分析，提出建设现代海洋强省的目标与展望。该课题在深入研究国内外海洋经济与统计核算的基础上，立足于实用性和可操作性，进行了细致的调查工作和大量的资料整理、加工工作。

2004 年 3 月，广东省海洋与渔业厅组织多家机构开展了"广东省海洋经济统计与核算"课题研究，该课题重新定义了"海洋经济"概念，对临海产业提出界定并通过系数计算法核算临海产业中的非海洋成分。该研究思路具有新意，有重要的借鉴意义。

2004 年 9 月，天津市海洋局与天津市统计局携手完成了"天津海洋经济核算方法和统计指标体系研究"课题。该课题论述了海洋经济的概念及统计范围；对海洋经济统计与核算指标体系以及统计公式的建立提出新思路，设计了能够反映天津市海洋经济发展的一套统计指标体系，同时提供了资料获取和指针计算的方法，为进一步研究海洋经济核算体系提供了充分依据。

国家层面上，为实现海洋经济核算与"中国国民经济核算体系（2002）"在总体框架、基本原则、核算方法上的一致性和可比性，了解我国海洋经济运行状况、发展潜力及趋势，

2004 年 9 月，"海洋经济核算体系"的研究工作由国家统计局与国家海洋局联合展开。次年 3 月，在"海洋经济核算体系"课题的基础上，该课题组对世界海洋经济强国的海洋经济核算方法进行了深入的研究，结合我国海洋经济发展特征，制定了海洋经济核算体系实施方案，并通过了专家评审。2005 年 8 月，《关于开展海洋经济核算体系编制工作有关问题的通知（国海规字〔 2005 〕 377 号）》的印发标志着海洋经济核算工作在全国全面展开。2006 年 8 月，国家统计局正式批准国家海洋局组织制定的《海洋生产总值核算制度》。该制度的建立标志着海洋经济核算数据在统计制度方法上的保证。2006 年 9 月～ 12 月，国家海洋局联合国家统计局，组织沿海地方海洋行政管理部门与统计部门共同开展了"十五"期间 GOP 资料的核算工作。但我国海洋经济核算并不能全面地反映海洋经济活动所造成的海洋资源浪费与生态环境破坏的代价，而这些要素对海洋经济可持续发展以及沿海地区乃至全国人民生产生活质量是举足轻重的。因此我国海洋经济核算仍然处于起步阶段，需在今后进一步研究、修正。

在绿色海洋经济核算领域方面，由国家统计局与国家海洋局共同开展的"海洋经济核算体系"的研究工作，以及国家海洋局颁布实施的《海洋生产总值核算制度》，为绿色海洋经济核算研究工作打下了良好的工作基础。2000 年，张德贤编撰的《海洋经济可持续发展理论研究》，将海洋可持续发展总结为海洋生态、海洋经济及社会发展三层含义，并从这三层含义出发建立了海洋可持续发展评价指标体系；2004 年 3 月国家统计局与国家环保总局共同启动的《综合环境与经济核算（绿色国民经济核算）研究》中，包含了"海洋生态系统核算"的相关内容，对我国绿色海洋经济核算研究的发展起到了非常重要的推动意义；2005 年，乔俊果发表的《海洋绿色 GDP 核算方法初探》一文论述了海洋绿色 GDP 核算的内容与方法，并给出实行海洋绿色核算的保障措施，陈东景在 2006 年发表的《基于海洋的绿色 GDP 核算的基本框架》，从海洋资源与环境的资产形成与流量两方面核算阐述，给出了核算的基本框架；而《海洋资源价值核算体系探讨》《基于"绿色 GDP"的海洋生态资源核算》等文章对绿色海洋经济核算中资源价值与生态环境的核算内容与方法展开了研究。这些课题与研究都对我国开展绿色海洋经济核算具有很大的借鉴意义。相信通过我国政府、相关专家与学者的共同努力，我国在绿色海洋经济核算的研究工作的探索与发展方面必将取得更大的进展。

2.3.5 国内对"SEEA"的实践研究进展

20 世纪 80 年代，我国许多国家机构就开始展开环境经济核算，前期以跟踪国际有关这方面的研究为主。1984 年，国务院经济发展中心以及中国环境科学院，预测估算我国 2000 年的环境污染。1998 年，国家统计局与世界银行合作，在烟台和三明市开展真实储蓄率的核算。

2000 年，国家环境保护总局与世界银行合作，利用建立的环境成本模型在 2 个省市开展环境污染损失核算。2002 年，国家统计局对国民经济核算体系进行修改，建立了环境卫星账户方案，增加了对矿产、土地、水和森林资源的实物核算表，开始展开污染物排放的实物量数据统计，并编制我国的能源账户，这为我国资源环境价值核算奠定了基础。2003 年，国家统计局采用实物量的方法计算全国的自然资源。

2004 年，国家环境保护总局与国家统计局合作在 10 个省市进行试点，开展绿色 GDP 研究，出版了《中国环境经济核算 2004》。在 2004 年试点基础上，扩大核算范围，完善核算方法，继续完成了 2005 ～ 2010 年间中国绿色国民经济核算。在《中国环境经济核算研究报告》中，利用污染损失法核算环境退化成本和生态破坏损失。在《中国环境经济核算研究报告 2004》中核算的总环境污染退化成本为 5118.2×10^8 元，占 GDP 的 3.05%。连续 7 年的核算结果表明：我国经济发展环境成本仍然上升，环境退化成本从 5118.2×10^8 元提高到 11032.8×10^8 元，增长了 115%；虚拟的治理成本从 2874.4408 元提高到 5589.3×10^8 元，增长了 94.5%。

在绿色海洋 GDP 核算实践和应用上，国内相关领域的专家学者做出了大量贡献。1996 年，雷明以环境经济核算体系为基础，计算了我国 1992 年的绿色海洋 GDP，并构建了"1995 年中国环境经济核算体系（CSEEA）"，以此计算中国绿色海洋 GDP。

2001 年，王树林等以 SEEA-1993 综合核算体系为框架，结合我国国情，设计了一套环境与资源核算账户，核算了北京市资源与环境消耗成本（包括保护服务费），在此基础上，对"绿色 GDP"指标进行适当调整。2002 年，王金南利用自己研究的资源环境基尼系数，计算了中国 2002 年海洋资源消耗、能源消耗、SO_2 和 COD 排放的资源环境基尼系数。2005 年，陈纲利用 SEEA-2003 综合核算体系测算了绿色海洋 GDP。

2006 年，王铮等分别用传统 GDP 一般增长指标和绿色海洋 GDP 指标对上海国民经济进行核算，结果显示上海市绿色 NNP 值低于 GDP 值，GDP 值低于绿色 GDP 值。同年，徐自华对海南、宋达扬对江苏省进行了绿色海洋 GDP 的核算，结果表明，海南省 2004 年传统海洋 GDP 比绿色海洋 GDP 高 37.8%，江苏省绿色海洋 GDP 比海洋 GDP 低 10% 左右。

2007 年，陈会晓利用绿色海洋 GDP 理论，构建江苏省海洋环境退化损失、海洋资源耗减损失、非经济海洋资产向经济海洋资产转移等海洋环境生态成本核算体系，用环境经济学方法估算海洋资源环境价值，由此得出 2004 年江苏省绿色海洋 GDP 中 8.44% 是以牺牲自身资源环境取得的。李杰核算了成都市 2002 ～ 2005 年的绿色 GDP，发现绿色 GDP 的增速高于 GDP 的增速。张庆红利用定量分析的方法获得新疆 2006 年的固体废物污染、水污染、大气污染物的实物量，并对环境污染的损失进行价值估算，从而得出了新疆 2006 年经济增长的环境代价。此外，2007 年一些学者也对山东省的绿色国民经济和绿色海洋 GDP 进行了核算研究。

2010 年，康文星等为了解决绿色海洋 GDP 核算中把大量未进入市场的不同等级、不同质量的各种资源如何用统一的量纲计量，以及自然资源与环境资源如何定价的难题，采用能值分析法核算了绿色海洋 GDP。杨丹辉等建立了基于损害成本和环境污染损失核算的指标体系，并用其指标体系估算了 2000～2005 年山东省海洋水污染造成的各种经济损失。结果表明，山东省基于成本的总损失远低于基于污染损害的总损失，同时得出，山东省 2000～2005 年海洋污染损失值占 GDP 的 1.77%～2.94%。吕杰依据 SEEA-2003 的理论，根据云南省的环境生态、土地资源的特点，对个别指标进行调整，并依此初步核算了云南省 2009 年土地资源环境退化价值和土地资源环境价值。

2012 年，李阳结合青岛市具体情况，在 SEEA-2003 的基础上建立青岛市绿色海洋 GDP 核算体系，并核算了青岛市 2010 年的绿色海洋 GDP，从中得出青岛市 GDP 有 5.5% 的经济增长是靠损耗海洋资源和牺牲环境取得的。

2013 年，彭武珍利用浙江省的环境统计实物量数据，对浙江省海洋资源的存量耗减价值和工业污染治理成本进行了估算，得出浙江省 2008～2010 年的海洋环境退化价值和海洋资源耗减价值，以及 2010 年末的海洋资源存量价值。2013 年，宋敏以湖北省武汉市为例，针对耕地资源利用集约程度提高所产生的环境代价，依据资源环境经济学的相关理论与评估技术构建了核算模型，分析和评价了武汉市对耕地资源利用的环境成本。经核算，如果以耕地面积计算，2011 年每公顷耕地用于农业生产所产生的环境成本为 384.76 元。

2013 年，潘勇军在 SEEA-2012 和中国绿色国民经济核算体系的相关理论基础上构建了生态 GDP 核算体系的研究框架。该核算体系考虑了经济活动资源消耗价值和环境污染带来的外部成本，也考虑了生态系统所带来的生态效益，并用该核算体系对贵阳市 2010 年进行生态 GDP 核算。结果表明：2010 年贵阳市资源消耗价值和环境损害价值占当年 GDP 的 4.91%，2010 年生态 GDP 比当年绿色 GDP 高 13.58%，比当年 GDP 高 10%，森林生态效益占当年 GDP 的 14.94%。

2014 年，杨晓庆核算了江苏省 1999～2001 年资源环境损失价值和绿色海洋 GDP，结果得出，每年绿色海洋 GDP 占传统海洋 GDP 的比例平均为 86.65%，表明经济发展对海洋资源依赖性较强；海洋资源耗减和海洋环境污染损失占 GDP 的比例开始下降，绿色海洋 GDP 占传统海洋 GDP 的比例逐渐上升（共上升 1.95%）。2014 年，岳彩东引入环境变量和超越对数生产函数，对索洛模型进行扩展后，用扩展的模型核算我国 1998～2012 年的各省份工业增长状况，探讨了环境变量在经济增长核算中的影响。

2015 年，冯喆构建了海洋环境污染实物量核算账户、平衡表和海洋环境质量综合评价指标核算体系，并在浙江省应用，而且对实践结果进行了认真总结和仔细分析，提出了构建环境质量综合评价指标核算体系应注意的问题。

2.4 海洋生态系统服务价值核算

2.4.1 生态系统服务概念

为在 SEEA 中建立生态系统账户，2011 年联合国国际环境署专名召开了 3 次关键性会议，讨论在环境经济核算体系中拟定生态系统账户，进行生态系统服务价值评估，进而启动全球财富核算的问题。虽然在 2012 年联合国推出的《环境经济核算体系：中心框架（SEEA-2012）》中，自然生态系统的服务（价值）并未正式属于 SEEA-2012 界定的自然资源范畴，但建立了试验性生态系统账户，这对将生态服务价值核算正式纳入环境经济核算体系起着关键性的推动作用。

早在 20 世纪 60 年代就出现了"生态系统服务"一词，人们开始认识到人类自己不可能替代生态系统服务。20 世纪 70 年代以来，一些学者提出"自然的服务"和"自然资本"的概念，以及《自然的服务——社会对自然生态系统的依赖》和《世界生态系统服务与自然资本的价值》等的出版，表明人们已认识到生态系统服务是社会的财富。

1997 年，戴利（Daily）在他的著作《自然服务：人类社会对自然生态系统的依赖》中，在众多研究生态系统服务的定义与内涵的成果基础上进行总结认为：生态系统服务是指自然生态系统所提供的能够满足人类生活需要的条件和过程，维持与创造了地球生命保障系统，形成了人类生存所必需的环境条件。欧阳志云将生态系统服务定义为：生态系统与生态过程所形成及所维持的人类赖以生存的自然环境条件与效用。联合国千年生态系统评估项目（MEA）中对生态系统服务定义是：人类从生态系统中获得的效益。

一般而言，生态系统具有三种服务：一是向人类提供产品（林产品、水产品、药材等）；二是调节、支持服务（调节区域气候、维持整个大气化学组分的平衡与稳定、吸收与降解污染物、保存生物进化所需的丰富的物种与遗传资源等）；三是社会服务（科研、文化教育、游憩等）。

对人类社会和生态系统本身而言，生态系统服务具有 4 个基本特征：

①自然生态系统与人类存在与否无关，而是独立客观存在着，也就是说它并不需要人类，但人类需要它们；

②生态系统的服务起源于系统本身的物理和生态过程，而且与系统生态过程紧密地结合在一起；

③自然生态系统不断进化，进化过程中自然生态系统产生越来越丰富的内在功能；

④自然生态系统是多种性能转换器，生态系统某一项服务可能是由两种或两种以上的系统功能共同产生的，也有可能是系统的某一功能参与了两种或两种以上的生态服务。

2.4.2 生态系统服务价值

传统理念认为，价值是凝结在商品中的社会劳动的认可。生态系统服务是由生态系统产生的，并不是人类直接劳动的产品，因而不具有传统理念上的价值。但是，生态系统服务价值是指生态系统通过直接或间接的方式为社会经济发展和人类生存提供的无形的或有形的资源的另一种形式的价值。随着人类生存环境日益恶化和自然资源严重短缺，生态系统服务价值的概念越来越被人们理解和接收。

据生态系统服务价值理论，使用价值和非使用价值两大部分构成生态系统服务总价值。生态系统服务价值核算中关注的只是生态系统服务使用价值，并不一定核算非使用价值，因为非使用价值是某种生态系统服务独立存在，但与人类社会福利无关，而人们不愿或未被人们使用的价值。使用价值是指为了满足消费而使用的生态系统服务（包括有形的和无形的生态系统服务）价值，它又可分为直接、间接和选择使用价值。

直接使用价值又分为满足人类消耗性目的的直接使用价值和非消耗性目的的直接使用价值两部分。生态系统为人类提供淡水、纤维、材料等产品效益的生态系统服务价值属于人类消耗性目的的直接使用价值，为人类在文化教育、旅游等方面提供了众多惠益的生态系统服务价值属于非消耗性目的的直接使用价值。

生态系统服务的间接使用价值，主要体现在生态系统对人类生存环境起着调控和支撑作用的效益，主要包括维持大气碳氧平衡、调节气候、减轻自然灾害、净化污染物质、野生生物的栖息地、生物基因库等价值。

选择使用价值又称为潜在价值，在目前生态系统中未体现出来，但有可能是人们在将来利用某种生态服务时而体现的服务价值。这类效益包括将来可拉动社会经济产业发展，促进科学技术进步的服务生态系统价值。

2.4.3 海洋生态系统服务价值评价研究进展

目前，海洋生态系统服务的研究处于起步阶段。国内外学者对其理论、方法的研究还处于探索、尝试阶段。国外学者的主要研究成果包括：科斯坦萨（Costanza）等人估算全球海洋的产品和服务价值为 20.95 万亿美元（1994 年的价格），占全球生态系统的62.91%。莫伯格（Moberg）等讨论了珊瑚礁生态系统服务的内涵和分类体系，分析了 4种类型的珊瑚礁产生的服务，除物质生产以外，珊瑚礁还提供了物理结构服务（如海岸带保护）、生物服务（如生物多样性）、生物地球化学服务（如氮固定）、信息服务（如对气候变化的记录）和社会文化服务（如休闲）等；霍姆伦德（Holmlund）和哈默（Hammer）研究了鱼类产生的 25 种生态服务，包括调节服务（如对食物网动力学的调节）、关联服务（如联系不同的水生生态系统）、文化服务（如灾害控制）以及信息服务（如对生态压力的评估）等；隆贝克（Ronnback）归纳和整理了红树林的多项产品和服务，并研究了红树林对渔业生产的支持作用；杜瓦特（Duarte）研究海草群落证明高物种多样性支撑着较强的生态系统功能和生态系统服务；莫伯特（Moberg）等人进一步阐明红树林、海草床和珊瑚礁等热带海洋景观的服务种类，除了物质生产功能以外，还可提供 19 类服务，其中红树林 18 种，海草床 13 种，珊瑚礁 10 种；博蒙特（Beaumont）讨论了英国海洋生物多样性提供的 13 项生态系统服务功能，并就如何汇总计算进行了探讨。

国内学者也在相关方面开展了研究，虽然起步时间较晚，但取得的成果在某些方面不逊于国外的研究。韩维栋等研究认为，我国现存红树林的面积为 $1.36 \times 10^4 \mathrm{hm}^2$（$\mathrm{hm}^2$ 表示公顷），每年提供的生态系统服务价值为 23.65 亿元。辛琨、肖笃宁对我国辽河三角洲湿地生态系统服务价值进行了估算。李加林等采用能值分析、市场价值和替代价格等方法评价江苏互花米草海滩湿地生态系统的服务价值。结果表明，江苏互花米草海滩生态系统服务价值平均每年为 1.08×10^9 元，主要是间接经济价值，为 1.02×10^9 元。李加林等研究表明杭州湾南岸互花米草盐沼生态系统服务价值为 1.05 亿元，其中，间接利用价值为 0.99 亿元。间接经济价值是直接经济价值的 16.42 倍。辛琨等运用替代法和影子工程法对海南省的红树林土壤吸附重金属的生态功能进行了价值估算。东寨港 $2056\mathrm{hm}^2$ 的红树林土壤吸附重金属的功能价值为 5462 万元。彭本荣等系统研究了海岸带生态系统服务价值，并进行了理论和方法的改进。张朝晖等对海洋生态系统服务的理论、方法进行了系统研究，并以桑沟湾和南麂列岛作为海湾案例和海岛案例开展了实证研究，取得的结果较有代表性。韩秋影等研究表明，2005 年广西合浦海草床生态系统服务价值为 6.29×10^5 元 $/ \mathrm{hm}^2$，其中间接利用价值占 70.97%。赵晨等利用能值方法评估了中国红树林的生态系统服务价值为每年 12.6×10^8 元。

目前，国家海洋局第一海洋研究所正在实施 908 专项"海洋生态系统服务功能及其价值评估"。这一项目已建立了海洋生态系统服务评估指标体系，并对我国四大海区开展服务价值评估。同时，相配套的评估软件也在完善中。本文的研究工作就来源于这一项目。

总的来说，海洋生态系统服务的研究滞后于陆地等其他生态系统服务。究其原因，对海洋生态系统的探索落后于陆地等其他生态系统。随着海洋对人类发展的贡献越来越大，这一状况正在得以改变。

2.5 环境经济核算体系——中心框架（SEEA-2012）

2.5.1 环境经济核算体系——中心框架（SEEA-2012）的主要内容

本研究要构建的综合绿色海洋 GDP 核算体系框架，是建立在《环境经济核算体系：中心框架（SEEA-2012）》基础上，因此，有必要分析 SEEA-2012 的结构和主要内容及其特征。SEEA-2012 的主要内容有如下几大部分。

①核算结构。本部分阐释了 SEEA-2012 的关键组成部分和采用的核算办法〔以国民账户体系的核算（SNA）办法为基础〕，介绍了 SEEA-2012 包含的账户和表格类型，阐明了经济单位的定义、存量和流量的核算以及记账和估价的原则，并强调 SEEA-2012 的综合性，将分散的账户整合纳入同一核算架构内。

②实物流量账户。本部分介绍了实物流量的记账方式，将经济与环境以及经济体系内部发生的实物流量，与 SNA 的产品定义一致，把它们分为自然投入、产品、残余物三类，并把这些不同类型的实物流量放在实物型供给使用表的结构中。根据实物流量的定义与分类可以勾画出经济和环境之间的实物流量关系图，能够集中计量一系列不同物质或特定流量。实物流量账户的供给使用表，是在 SNA-2008 中的价值型供给使用表的基础上增加相关的行或列得到的。实物流量核算着重于三个子系统，能源、水和物质。核算的逻辑基础建立在供给使用恒等式和投入产出恒等式这两个恒等式上。

③环境活动账户和相关流量。这部分重点在于确认国民账户体系内可被视为与环境有关的经济交易，概述了环境活动的类型（环境保护与资源管理两类），将环境活动提供的货物与服务分为专项服务、关联产品和适用货物三种，提供了环境货物与服务部门统计（EGSS）和环境保护支出账户（EPEA）两套信息编制方法。EPEA 由核心表加上三个子系统表（环境保护支出表、供给使用表、资金来源表）构成，从需求角度出发，核算经济单位为环境保护目的而发生的支出。EGSS 从供给角度出发，将环境货物与服务分为四类，尽可能详细地展示环境货物与服务的生产信息，提供了环境活动货物与服务产出、出口、增加值、就业、固定资本形成的主要指标。此外，本部分还涵盖了其他环境相关交易的范围，比如还有环境税、环境补贴和类似转移，以及一系列与环境有关的其他偿付和交易，环境相关活动中所使用固定资产等。

④资产账户。这部分阐述了环境资产的核算。地球上自然存在的生物和非生物成分共同构成生物—物理环境，为人类提供福利。环境资源不仅能为人类提供福利资源（从实物角度而言），而且具有经济价值（从价值角度而言）。资产核算除设有实物型资产账户，还设有价值型资产账户。实物型资产账户要记录期初开始资产存量、中间时段增减变动的资产量以及期末资产存量。价值型资产账户还增加了"重估价"项目，以便用来核算期内因价格变动而发生的环境资产价值的变化。资产账户的动态平衡关系如下：期初资产存量＋存量增加－存量减少＋重估价＝期末资产存量。该部分对编制资产账户的环境资产耗减计量和环境资产估价的两个关键方面进行了重点解释，即对非再生自然资源的耗减量等于资源开采量，可再生自然资源耗减时必须同时考虑资源的开采和再生，因此其耗减量并不等于开采量。该部分也讨论了环境资产的估价方法，特别是对净价值法进行了详细解释。该部分还对各种资产的分类与测度范围、两种类型资产账户的结构以及其他相关概念和测度问题进行了详细说明。

⑤账户的整合与列报。该部分重点阐述了 SEEA-2012 的综合性质，并将资产账户、

实物流量账户、环境活动账户、资产价值产账户通过用户列报信息联系起来。本部分对实物和货币数据的合并列报方式进行了重点解释，而且介绍了基于环境经济核算体系中心框架的数据集编制的不同类型指标。

2.5.2 环境经济核算体系——中心框架（SEEA-2012）的主要特点

《环境经济核算体系：中心框架（SEEA-2012）》是一个涉及环境资产的存量和存量变化，涵盖经济与环境之间相互作用的多用途框架，而且它也是一个统计框架，它将经济和环境存量和流量信息编制并整合在一系列表格和账户中，并使分析和研究一致且具有可比性，可用于政策制定。

《环境经济核算体系：中心框架（SEEA-2012）》涵盖了三个主要领域的计量：

①环境资产存量和这些存量的变化；

②经济与环境之间和经济体内部的物质和能源实物流量；

③与环境有关的经济活动和交易（如使用环境资产的许可证和执照）。它另一个特点是将存量、流量和经济单位的定义和分类一致，应用于不同类型的环境资产（如可再生资源和不可再生资源）和不同的环境层面（自然环境和人文社会环境）。

《环境经济核算体系：中心框架（SEEA-2012）》涉及了经济和环境多个学科，提供了一个跨学科方法的计量方法，对经济和环境信息进行整合，把有关矿物和能源、生物资源、非生物资源和土地资产，废弃和污染物，生产、消费和积累等，以及环境和经济的多个不同方面置于一个计量背景内，而且为每个领域指定一种具体而详细的计量办法。在环境经济核算体系中心框架内这些办法得以整合，体现了全面统筹的观念。

《环境经济核算体系：中心框架（SEEA-2012）》作为一项国际标准，在 2012 年 1 月联合国统计委员会第 43 届会议上被通过。其目的是依据不同的政策背景、数据可得性和国家的统计能力情况，为国家统计系统提供具有国际标准，又有灵活性的、模块式的实施方法。也就是说，实施时可考虑到本国环境最重要的那些方面，灵活地采用模块，并不要求为所有环境资产或者环境主题都编制表格和账户。这种以共同计量标准编写的国家的环境经济结构框架，可以进行国与国之间横向比较，并能提供全球关切问题的信息。

与 SEEA-2003 比较，SEEA-2012 在对实物流量的描述与界定、环境资产的测算方法和范围、对环境活动和相关交易的认定等方面都有了显著的变化。虽然，人工培育的生物资源（如人工林）以及自然生态系统的服务功能（价值）并不属于 SEEA-2012 界定的自然资源范畴，但建立了试验性生态系统账户，并对这些问题及相关材料进行了讨论。

《环境经济核算体系：中心框架（SEEA-2012）》建立了国际统一的统计标准，对促进和规范国际范围内的绿色国民经济核算发挥了巨大作用。今后，我国的资源环境核算应参照 SEEA-2012 的国际统计标准，借鉴已有的资源环境核算方面的经验，构建起我国资源环境核算框架，逐步开展环境资产价值量核算，查清我国环境资产，为国家的宏观决策提供参考依据。

综上，国内外学者在绿色 GDP 核算问题研究上做了大量的富有成效的工作，也在将生态系统服务价值纳入绿色 GDP 核算体系的问题上做了一些研究，但呈现出如下特点。

第一，对资源消耗和环境损害的价值研究多，对支撑着人类生存的自然生态系统服务价值研究比较零星，没有形成系统的研究方向和研究领域。

第二，对生态系统服务的价值和重要性方面研究较多，对如何在绿色 GDP 核算体系中建立生态系统账户的研究少。他们的研究给本课题以启发，为本课题提供了基础。2012年联合国统计委员会推出的一项国际统一标准 SEEA-2012 中提出了建立试验性生态系统账户。这为将生态系统服务价值正式纳入绿色 GDP 核算体系起着关键性的推动作用，也为本文提供了政策支持。

第3章 综合绿色海洋 GDP 体系的构建

3.1 综合绿色海洋 GDP 概念与内涵

《2012 年环境经济核算体系：中心框架（SEEA-2012）》中，提出了建立试验性生态系统账户。这就意味着在条件成熟情况下应把生态系统服务效益也纳入环境经济核算体系中。实际上自然生态系统支撑着人类生存（包括人类社会的经济活动），为人类提供多种福利。这些也属于社会拥有的财富。目前的绿色海洋 GDP 核算考虑了经济发展对海洋环境损害和海洋资源消耗的价值量，把经济活动和与之相关的环境活动有机联系起来，但没有把海洋生态系统的服务价值纳入核算。因此，绿色海洋 GDP 还不能客观地、公正地、真实地反映一个国家的整体经济、规模、经济总量和生产总能力。这从侧面反映出绿色海洋 GDP 核算体系的不足。

综合绿色海洋 GDP 是对绿色海洋 GDP 的延伸，不仅扣除了海洋资源和环境消耗部分，而且把海洋生态系统也纳入经济核算体系，不但反映了社会经济活动对海洋环境与海洋资源的利用动态，而且反映海洋生态系统直接对人类提供的福祉和为经济活动提供的服务价值。因此，综合绿色海洋 GDP 能反映社会生产过程的经济活动的质量，能更科学地衡量一个国家（地区）的真实发展和进步。综合绿色海洋 GDP 核算公式表述为：综合绿色海洋 GDP= 传统 GDP- 海洋资源的耗减成本 - 海洋环境损失成本 + 海洋生态服务效益。

3.2 综合绿色海洋 GDP 核算体系构建原则

3.2.1 科学性原则

综合绿色海洋 GDP 核算体系要求能反映海洋 GDP 的客观、真实、公平、公正，因此必须建立在科学的基础上。构建综合绿色海洋 GDP 核算体系时假设和界定要合理，其体系结构清晰、分类正确。统计方法要求规范，测算方法合理，确保测算结果不仅反映社会经济活动对环境与资源的利用动态，而且也能反映自然生态系统对人类提供的福祉和为经济活动提供的服务价值。

3.2.2 与中国现有国民经济核算相衔接原则

国民经济核算体系（SNA）包含了诸如国民总收入（GNI）、国内生产总值（GDP）、国民收入（NI）和社会总产出等核算体系。综合绿色海洋 GDP 核算体系只是国民经济核算体系的附属账户，因此，综合绿色海洋 GDP 核算体系应尽可能与中国现有的国民经济核算的基本原则、规范及其重要核算指标相互衔接。资源消耗、环境损害的实物量及成本、生态效益成本核算要与国家行业标准规范相衔接，指标统计、核算方法相对需保持一致。

3.2.3 与国际接轨原则

SEEA-2012 为国民经济核算提供了国际统一的统计标准，将成为各国国民经济核算所遵循的方法制度。因此，在适合中国国情，保持中国现有的统计和核算的基础上，要尽可能地参照 SEEA-2012 的国际统计标准，借鉴国际上已有的资源环境核算方面的成功经验，构建起我国综合绿色海洋 GDP 核算体系。这样我国才能与世界上其他国家（地区）间的经济状况进行横向比较，才能更有效地向国际上提供相关信息。

3.2.4 资源、环境和生态服务核算并重原则

综合绿色海洋 GDP 核算体系涵盖了三个主要领域的统计：
①经济生产过程中的资源量的变化量；
②与经济活动有关的环境质量变化量；
③生态系统服务价值。
因此，综合绿色海洋 GDP 核算体系应遵守资源、环境和生态服务核算并重原则。综合绿色海洋 GDP 核算体系框架中既要体现资源消耗，又要包含经济发展对环境生态的损害，还要包含由自然生态系统产生的服务对经济发展的贡献。

3.2.5 理论型框架和实用型框架相结合原则

SEEA-2012 是建立在可持续发展理论、环境价值论、生态经济学理论的基础上的。因此，综合绿色海洋 GDP 核算体系是一个新的理论概念。在构建综合绿色海洋 GDP 核算体系时应借鉴国际先进的研究成果，根据中国国情逐步形成适应中国特点的理论框架。综合绿色海洋 GDP 核算体系涉及面宽，实际操作难度较大。在构建过程中，应根据资料的易得性和现阶段的实际需要，建立综合绿色海洋 GDP 核算的实用性框架。指标核算中尽量采用大家较易接受的技术和方法，以利于综合绿色海洋 GDP 核算的推行。

3.2.6 有利于各级政府进行科学决策原则

综合绿色海洋 GDP 把资源、环境以及生态系统服务纳入核算体系，这就要求当地政

府在制定政策的时候不只是注重传统海洋 GDP 的增长，而应该把经济增长与环境保护、资源节约、社会可持续发展放在一起综合考核和统筹规划。构建的综合绿色海洋 GDP 体系中应能科学地、准确地反映出地方各项环境资产的总量及动态数据。这样有利于地方政府更准确地掌握经济生产和环境的状态及变动情况，有利于地方政府合理地制定相关经济生产和环境政策，从而实现当地的社会、经济、环境可持续发展战略。

3.3 综合绿色海洋 GDP 核算的理论基础

3.3.1 可持续发展理论

可持续发展的概念首先出现在《我们共同的未来》（1987 年世界环境与发展委员会报告）中，在 1992 年联合国环境与发展大会上通过的《21 世纪议程》将可持续发展正式上升为全球战略。

可持续发展理论包括环境保护、生态建设、循环经济、文明进步与社会和谐等五个方面的主要内容。其中，环境保护、生态建设、循环经济意在构建"人与自然和谐"，属于技术层面；社会和谐意在促进"人与人和谐"社会环境的形成，属于制度层面；而文明进步重在促进"人与自身和谐"观念的建立，属于精神文化层面，最终实现社会—经济—自然的和谐与可持续发展。

自然资源、生态环境是人类经济与社会发展的自然基础。如果我们只强调经济的高速增长，全然不顾资源的损耗和环境的伤害，快速膨胀的经济与社会日益增长的需求迟早会使资源耗尽，使环境遭遇到毁灭性的破坏。可持续发展从转变人类经济和价值观念的角度入手，通过资源高效利用和减少经济发展对环境的破坏来实现。也就是说在注重经济增长的数量的同时，更注重追求经济发展的质量，逐渐形成资源综合利用、污染排放减量、清洁生产、转变传统的以"高投入、高消耗、高污染"为特点的生产方式。这样才能突破当前全球经济与社会发展面临的资源与环境瓶颈，实现真正意义上的可持续发展。可持续发展理论与传统理论的区别在于，该理论为社会与经济的发展设定了生态环境与自然资源的边界，在协调统一环境保护、资源利用、生态建设、制度革新、经济与技术转型等方面的基础上，建立经济可持续发展的模式。这也是人类社会经济可持续发展的必然选择。

综合绿色海洋 GDP 核算建立在可持续发展的基础上，因为它能反映经济活动对资源环境的利用和对环境受损的补偿，而且也能反映自然生态系统为人类生存所提供的服务价值，进一步完善了现行国民经济核算。

3.3.2 国民经济核算理论

国民经济核算体系是 20 世纪西方经济学最伟大的发明之一。国民经济核算的产生与西方宏观经济学的发展有着不可分割的密切联系，因此，国民经济核算的理论是建立在宏观经济理论的基础上的。此外，国民经济核算提供了一整套核算国民经济活动的指标体系，又为宏观经济学的运用铺平了道路。国民经济核算统计指标体系是以社会再生产理论和市场经济理论为依据的。综合绿色海洋 GDP 核算是国民经济核算体系的组成部分，因此，国民经济核算理论也就是综合绿色海洋 GDP 核算的理论基础。

国民经济核算具有两个原则。

市场原则：从市场出发考虑市场活动和过程，确定国民经济核算范围、分类、账户划分等方面。

所有权原则：资产和负债是进行生产活动获取经济利益的根本条件。在市场经济活动中，它必须表现为机构部门或单位的所有权，才可能在生产经营等经济活动中产生决定性作用。国民经济核算把资产界定为机构部门或机构单位能够行使所有权的统计范围，资产与负债相对应。国民经济核算原则是国民经济核算基本理论的组成部分，它对国民经济核算体系的设计、范围确定、核算的系统一致性等具有直接的指导或决定作用。综合绿色海洋 GDP 核算也必须遵守国民经济核算的基本原则。

国民经济核算就是以整个国民经济为总体的全面核算，它以一定经济理论为指导，综合应用统计核算、业务核算、会计核算，从金融资产、实物资产、物质产品和劳务等各个角度，以各种存量和流量的形式进行测定，把能反映整个国民经济状况的各种重要指标组成一个系统来综合描述一国（或地区）国民经济的发展状况。综合绿色海洋 GDP 核算也必须这样进行。

国民经济账户体系是指描述国民经济运行过程一系列账户的整体。国民经济账户体系主要是在部门和宏观总量两个层次上。机构部门账户是按经济活动的生产、积累、分配、消费和资产负债存量设置账户，各账户之间通过平衡项相联系。产业部门账户从内容上讲主要是投入产出表，主要描述生产及市场供给和需求的产品（含服务）。国民经济综合账户包括国民经济合并整体的总量账户和五大机构部门，即金融机构、非金融企业、政府、居民、国外的综合账户。国民经济核算的主要内容由五个子体系组成，即国内生产总值核算、投入产出核算、资金流量核算、国际收支核算和资产负债核算。作为国民经济核算体系的附属环境卫星账户的综合绿色海洋 GDP 核算，必须借助国民经济核算中投入产出表，将资源消耗、环境损害和生态效益纳入其核算体系，从实物量上全面描述经济活动与资源耗减、污染物排放和生态系统服务物质量的关系。

3.3.3 自然生态系统的服务价值理论

地球生物圈是一种复杂的生命保障系统，人类生存与发展所需要的资源归根结底都来源于地球生物圈的自然生态系统。自然生态系统给人类直接提供食品、水、氧气、木材、纤维等各种原料或产品，还向人类提供更多类型的非实物型的生态服务，维持着人类赖以生存的自然环境条件及效用，例如在大尺度上具有调节气候、涵养水源、防风固沙、保持水土、净化污染、减轻灾害、保护生物多样性、净化空气和水、形成和更新土壤及其肥力、满足人类审美和益智的需求、支撑人类的多样性文化等服务。生态系统服务包括向人类提供生活必需的产品和保证人类生活质量的生态功能两大方面，代表着人类直接或间接从生态系统获得利益。可见，生态系统服务包括来源于自然资本的物流、信息流和能流，它们与人力资本和人造资本结合在一起产生人类的福利。这些福利有着巨大的经济价值。

自然生态系统中物质循环是通过自组织、自调节实现的，其循环不但不需要成本，而且还可以为人类持续不断地提供可再生资源、污染净化、文化审美等服务，是典型的"高效"和"无废"循环。有资料表明，在现代社会条件下，完全依靠人工手段生产食物、净化空气和水、降解排泄物等，每人每年生活所需高达 15000 美元，依靠生态系统的自然生产力每人每年生活所需可以少至 100 美元。

自然系统的某些具体功能如土壤修复、污水净化等可以人工替代，但是，由于生物圈 2 号实验失败的教训，至少到目前为止，众多学者认为，在规模尺度上，生态服务并不能由技术轻易地取代，自然系统仍然没有被人工替代的可能。自然系统和经济系统都属于人类复合生态系统的子系统，但经济系统与自然系统有着完全不同的功能和性质。经济系统无法替代生物、地质、水体、大气等自然系统的循环和再生功能，但是，经济系统可以借助于人类生产体系，实现对自然系统如金属等某些非更新资源的回收和循环利用，减轻社会经济发展过程中对生态环境的破坏。另外，自然系统虽然对如金属等某些非更新资源无法进行回收和循环利用，但可以借助大规模的生物、地质、水体、大气等自然循环，为社会经济发展提供可更新资源，以及良好的生态条件。

由于生态系统提供的非实物型服务并没有通过市场操作，其经济价值并不能通过商业市场反映出来，因而其价值往往被人类忽视。这就导致了人类在经济活动过程中对自然资源开发利用的短期行为，使自然生态系统遭受严重破坏，最终导致生态系统的服务功能受损，减少了生态系统向人类提供的福利，直接威胁到人类可持续发展的生态基础。

生态系统的生态服务具有外部性和无偿性，因此很难正确评估生态系统的服务价值，而且，由于生态系统服务的多面性，也就决定了生态系统服务具有多价值性。近十几年来，众多学者在生态系统的服务价值的定价上进行大量研究。特纳（Turner）、麦克尼利（Mc-Neely）、皮尔斯（Pearce）、巴比尔（Barbier）等的研究，以及经济合作与发展组织（OECD）的环境资产的经济价值分类、联合国环境规划署（UNEP）的生物多样性价值划分，为生态系统服务价值分类理论研究奠定了基础。

生态系统服务的总经济价值由利用价值和非利用价值两部分组成。利用价值包括直接利用价值（生态系统直接提供的实物和直接生态服务价值）、间接利用价值（即间接生态服务价值）和选择价值（又称为潜在利用价值，与利用价值有关的一种价值类型）。也就是说选择价值是在目前生态系统中未体现出来，但将来可能利用的某种服务价值。例如，改善投资环境、拉动社会经济产业发展、将来开展旅游业等价值。选择价值就像保险箱一样为并不确定的将来提供保证，但有可能人们将来利用某种生态服务时，而意愿支付的费用价值）。非利用价值包括存在价值和遗产价值。

对于生态系统服务的直接利用、间接利用和选择价值，人们不再存有疑义，但对非利用价值争议较大，原因在于存在价值是对生态环境资本的评价，而不论其他人是否受益，这种评价与现在或将来无关，是独立于人们对某种生态系统服务的价值。存在价值、遗产价值和选择价值之间可能有一定的价值重叠。某些环境学家支持纯自然概念的存在价值，这种观点导致了自然资产"权利"与"利用"取向的争论。环境学家认为自然资本有其自身存在的"权利"，存在价值是与人类的利用无关的价值形态，但从事资源和环境经济学的研究工作者，绝大多数都承认有非使用价值。他们认为在某种情形中忽视了这种价值的计算，就会在生态系统的管理决策中导致严重的失误。

3.3.4 自然资源和环境的价值理论

自然资源和环境是人类生存、享受和发展的各种人工改造的和天然的自然因素的总和。亚当·斯密（西方经济学创始人）在其《国富论》中有意无意地把自然资源、环境等视为自然资本。既然是自然资本就必然有价值。在自然资源价值理论的研究上，众多学者认为自然资源、环境价值的大小，主要受自然资源和环境的有用性、有益性、稀缺性、占有度、需求度等五个因素的影响，但不同的思路和定价模型，得出的价值理论是不同的。从经济学的角度上分析，资源环境定价的价值理论主要有效用价值论、劳动价值论、存在价值论等。但这 3 种价值论各有自己的理论体系，并没有完全统一。

（1）基于劳动价值论的资源环境价值

劳动价值理论是在马克思的劳动价值论基础上建立起来的。马克思劳动价值论观点认为：只有凝结有人类劳动的产品才有价值，没有凝结着人类的劳动产品不具有价值。自然资源是自然界赋予的天然产物，没有凝结着人类的劳动，因而它没有价值。虽然，马克思并不否定不是劳动产品是没有价值的东西，但他并没肯定不是劳动产品就不可以有价格，就不能取得商品形式。马克思指出，"例如良心、名誉等，也可以被它们的所有者拿去交换货币，并通过它们的价格，取得商品的形态。所以，一种东西尽管没有价值，但能在形式上有一个价格"。在这里马克思明晰地论述了，对非商品物品来说若被其所占有者用以换取货币，也就使其在商品的形式上有一个价格。这种理论也适用自然资源的定价研究。同时地租理论也是自然资源具有价值的主要理论根据。

（2）基于效用价值论的资源环境价值

效用价值论是从人对物品效用的主观心理，或物品满足人的欲望能力的评价角度，来解释价值及其形成过程的经济理论。自然资源是人类生产和生活不可缺少的，无疑对人类具有巨大的效用，因此，运用效用价值理论很容易得出自然资源具有价值的结论。自然资源不仅具有内在的物质性效用，而且还具有外在的稀缺性或有限性，这些构成了赋予自然资源价格的必要且充分的条件，由此成为对自然资源进行定价的准则和原理。效用价值论的科学之处在于，它是从人与物的关系中抽象出来的，是依赖人对物的判断和主观评价去解释交换价值。

虽然通过人对物的判断和主观评估能得出自然资源具有价值，但效用价值论存在两个大的问题。首先，效用本身是一种主观心理因素，而定价值的尺度是效用，这就无法从数量上精确地加以计量。解决价值大小首先是对效用大小计量，在市场发育不完全的情况下，很难客观地、公正地对效用计量。其次，效用价值论是用对当代人的使用价值大小来衡量资源的价值，也就是说把当代人的价值无限延伸到以后世代。这在伦理上，无法解决长远或代与代之间资源利用问题；在经济价值核算上，由于人类的短视或对未来社会发展的难以预测，可能会低估现时没有或只有很小效用的资源（如珍稀物种等）的价值。

（3）基于存在价值论的资源环境价值

依照资源和环境效用性，与生态系统服务价值分为使用价值和非使用价值（也称存在价值）一样，也可将基于存在价值论的资源环境价值分成使用价值和非使用价值。非使用价值与人类经济上是否受益无关，但与人类对自然爱和依恋的感情紧密相连，如能满足人类精神文化和道德需求的美学价值等。无论是效用价值论还是劳动价值论，对于不具有使用价值的物品都不承认它有价值。但是，由于优美的自然环境的存在给人一种赏心悦目的感觉，虽然人类在经济上没有受益，但这种满足感也是福利水平。既然能给人类带来福利，那么它就应具有价值。1967 年克鲁蒂拉（J. V. Krutill）认为存在价值（非使用价值）不一定是作为主动的消费者而是以价格歧视的垄断所有者身份，对不可替代的自然环境的存在进行价值评价。一些学者把存在价值归结为三种动机，即期权、同情及未来可用的遗传信息。布鲁克希尔（Brookshire）等认为存在价值的动机隐含着道德伦理观念，并将其归结为一种反偏好选择。基于环境伦理的反偏好选择超出了成本—效益分析的效率规范，即个体的最大愿望支付可能大于其经济价值，但不能在经济效益中得到准确的表述。

由此可见，存在价值或非使用价值理论还没有完善，该理论只是基于人的行为进行价值的估量，并且在计算资源环境的存在价值时也没有一个客观的价值标准，因此，在估算资源的存在价值时需格外慎重。

3.4 综合绿色海洋 GDP 核算体系建立的技术基础

3.4.1 国外环境经济核算体系的成功经验

尽管菲律宾的环境与经济综合核算体系的应用只局限于林业、渔业和采矿业的资源账户编制，但是在 3 个方面仍可取得借鉴：

①对资源账户消耗量进行了计量；

②部分地调整了国内生产净值，即在国内生产净值中有一部分经过环境资源调整；

③改变了传统的经济资产净积累的统计，也就是说经济资产净积累不仅包括了生产性资产（来自传统的国民账户），还包括了非生产性资产（来自渔业、森林及矿物资源的估计）。

德国构建的环境经济核算体系由两大部分组成。第一部分是物质和能源流量系统，采用一个价值衡量方法，把整个经济的物质流分为"投入"和包括环境污染的"产出"两方面。第二部分是物质能源流量信息系统（MEFIS），这一系统的核心实际上是一个"三维空间"，它与以往的投入—产出表的结构相比，扩展了两方面的内容：第一，新增两个账户（部门），一个是存量账户，另一个是环保回收等经济净化部门；第二，扩大了商品向量在投入方面的原材料（原材料的稀缺性）和产出方面对环境污染物的信息量。

加拿大的环境经济核算中包括 3 个核算，分别是自然资源使用核算、环境保护支出核算和污染物产出核算。加拿大的矿产资源可分为已发现的或已知的可再生性资源，以及尚未发现的可再生性资源两个部分，分别建立了自然资源使用和污染物产出用实物记录账户和货币衡量账户，同时建立了用货币进行衡量的环境保护支出账户。

从 1991 年起，日本将环境与经济综合核算进行重点研究和开发，以后按 SEEA-1993 提出的方法进行核算，并公布了第一次估算值。日本综合环境与经济核算一般可通过从 SNA 的流量和存量的现有计数中，分离出与环境实际费用（相关的支出额）和资产额（环境关联资产额），以及以货币形式把由经济活动引起的环境退化作为经济活动的成本——虚拟环境费用的两种途径来完成。以货币形式表示与环境有关的外部不经济的虚拟环境费用。

自 1992 年开始，美国分阶段开发经济与环境一体化卫星账户，第一阶段总体设计账户框架（并估算以矿产资源为代表的地下资源），第二阶段进行各种可再生资源核算，第三阶段进行环境资产核算。美国开发的经济环境一体化卫星账户采用卫星框架形式，重点是那些可以与市场活动相连接的方面，集中于经济与环境的交互作用。在具体操作上，首先将自然资源和环境资源像设备、构筑物等生产资产一样处理，其次在此基础上测度这些资源的货物服务流量对生产的贡献。可见，美国的环境经济核算体系中把资源当作国家财富的组成部分，而且通过该账户可以提供有关环境与经济相互作用的重要信息。

哥伦比亚设计的环境经济核算体系中，注意不同经济部门的行为以及与环境关系、自然资源的信息联系，在传统 SNA 中列出自然资源的可利用率和环境质量评估的指标。卫星账户的基本账户中具有两个基本特点：

①建立了信息系统；

②建立了物理指标和经济指标的联系，目的在于收集不同部门自然资源的可利用率和环境质量评价。

哥伦比亚设计环境经济核算体系中，用一系列环境指标去追踪其在国民经济核算系统内显示的经济行为之间的关系。

联合国在总结世界各国和国际组织环境核算研究成果的基础上，制定了《环境经济核算体系：中心框架（SEEA-2012）》，将环境系统以"环境与经济综合核算附属账户体系"的形式纳入了经济核算体系之中，虽然，人工培育的生物资源（如人工林）以及自然生态系统的服务功能（价值）并不属于 SEEA-2012 界定的自然资源范畴，但该框架明确提出了自然生态系统功能的社会服务价值，建立了实验性生态系统账户。就目前状况而言，它代表环境与经济综合核算方面的最高水平。

3.4.2 中国环境经济核算体系的成功经验

2002 年，中国环境保护总局和统计局在总结了中国环境经济核算的研究实践的基础上，提出了中国国民经济核算体系《中国国民经济核算 -2002》。2004 年，又提出《中国资源环境经济核算体系框架》，标志着中国绿色 GDP 核算体系框架初步建立。该框架对资源环境经济核算体系的定义为"资源环境经济核算体系又称绿色国民经济核算体系"，并进一步阐述资源环境经济核算是"在原有国民经济核算体系基础上，将资源环境因素纳入其中，通过核算描述资源环境与经济之间的关系，提供系统的核算数据，为分析、决策和评价提供依据"。

中国资源环境经济核算体系框架由四种类型的账户组成。

①资源消耗、经济产品、废弃物排放混合核算账户。该账户能够直观地体现资源的使用状况和废弃物的排放来源。账户中资源与废弃物核算采用实物单位，其余为货币单位，但不涉及估价问题，只提供详细的数据信息。

②资源管理和环境保护活动流量核算账户。该账户把环境保护和资源管理核算从现行国民经济核算体系中分离出来进行单独核算，可估算当期经济活动的资源、环境成本，还可掌握资源管理和环境保护支出承担者之间的经济利益关系。

③自然资产核算账户。这个账户调整了传统国民经济核算中的资产负债核算的国民财产净值和国民资产总价值，虽然不涉及人力资本和社会资本，但在概念上比较接近世界银行定义的"国家财富"。

④以 EDP 为中心的总量核算账户。在 EDP 基础上，计算经资源环境因素调整的可支配收入、投资、储蓄等一系列其他总量。从 GDP 到 EDP，其间的调整就是扣除经济活动的资源环境成本（经济活动对资源环境的利用消耗价值）。

《中国资源环境经济核算体系框架》完善了中国国民经济核算技术，为中国综合绿色海洋 GDP 核算体系奠定了坚实的基础。

3.5 综合绿色海洋 GDP 核算体系构建意义

3.5.1 改进传统 GDP 体系的需要

传统 GDP 核算实际上有一部分以牺牲生态环境和自然资源为代价，只反映了经济增长的正效应，掩盖了经济生产过程中造成的环境质量退化会降低人类健康和福利水平的负效应。大量的自然资产由于不符合经济资产的条件而未能纳入国民经济核算的资产范围，可见，GDP 核算体系不能衡量社会公正分配。环境降级成本和自然资源消耗成本在 GDP 核算中被忽略，意味着 GDP 指标不能客观反映经济增长的效率、效益和质量。正因如此，人们已经意识到传统 GDP 核算体系的局限性，及其有待改进的重要性和迫切性。

综合绿色海洋 GDP 核算体系弥补了传统 GDP 的缺陷，是对传统 GDP 体系的改进。综合绿色海洋 GDP 是在传统 GDP 基础上，减去海洋经济活动中资源耗减成本和环境污染损害成本，再加上海洋自然生态系统的服务价值。其结果反映了社会经济活动对海洋环境与资源的利用动态，反映了海洋生态系统直接对人类提供的福祉和为经济活动提供的服务价值，因此，也客观地、真实地反映了社会生产过程的经济活动的质量和一个国家（地区）的真实发展和进步。

3.5.2 政府进行科学决策的需要

以往，GDP 是各级政府进行科学决策的重要依据之一。由于环境系统的外部性、公共物品属性以及其他因素，它对市场规律比较敏感，市场也不能准确反映甚至完全忽略了环境服务的价值。改革开放以来中国经济获得了快速发展，但由于人口多，人均资源少，形势十分严峻。综合绿色海洋 GDP 把海洋资源、海洋环境以及海洋生态系统服务纳入核算体系，这就要求当地政府在制定决策的时候不只是注重传统 GDP 的增长，还应该把经济增长与海洋环境保护、节约资源、社会可持续发展放在一起综合考核和统筹规划。构建的综合绿色海洋 GDP 体系能科学地、准确地反映出国家海洋环境资产的存量价值和流量价值，海洋环境价值的总量及动态数据。这样有利于政府准确掌握经济生产和海洋环境的状态及变动情况，为国家制定相关经济生产和海洋环境政策提供重要的科学依据。

3.5.3 实施可持续发展战略的需要

"可持续发展"被世界环境与发展委员会在《我们共同的未来》的报告中提出后，在世界范围内得到普遍认可，逐渐完善为系统观念和系统理论，并在《21 世纪议程》中上升到人类 21 世纪的共同发展战略。目前，我国在国家层次上制定了可持续发展战略，但地方政府或区域并没有有效的操作程序和途径，因而可持续发展战略并没有真正地被贯彻执行。一方面由于目前制定的可持续发展指标体系构建还不完善，另一方面已建立的可持续发展指标体系判断标准也还没有完全统一，尚不能进行系统科学的评价和决策。构建综合绿色海洋 GDP 核算体系，通过对海洋环境资源的价值核算，可揭示海洋环境资源价值构成；对海洋生态系统服务功能的定量化研究，能促进资源利用补偿税和生态环境补偿税等经济手段的完善与实施；对人文社会部分非经济价值进行定量化研究，可揭示社会活动对海洋经济发展的推动作用。可见，综合绿色海洋 GDP 核算把海洋资源的退化与分配的不均衡、资源稀缺性所引发的成本、污染造成的海洋环境质量下降、海洋能源的不合理使用导致的损失、长期生态质量退化导致自然灾害造成的经济损失等纳入经济核算体系，全面反映社会经济活动对海洋环境与资源的利用动态。同时把失业、犯罪、教育水平低下和文盲状况导致的损失，疾病和公共卫生条件所导致的支出，人口数量失控和管理不善造成的损失等也纳入核算体系，更好地反映社会经济的安全。综合绿色海洋 GDP 核算为国家制定海洋资源、海洋环境、经济社会可持续发展政策提供重要的科学依据，进而促进国家可持续发展战略的实施。

3.5.4 建设和谐社会的需要

人与自然的和谐强调经济发展与生态发展是一个完整的有机整体，是建设和谐社会中的重要内容之一。人与自然的和谐将人类作为自然生态系统的有机成分，并使之共处达到人与自然、环境与经济在更高层次上统一协调发展。人类的一切经济活动价值都要依据资源、环境与经济协调发展，人与自然和谐来判断。经济系统、自然系统以及社会系统各自具有截然不同的性质和功能。自然系统的许多功能是人类或经济系统无法替代的，但是在人类复合生态系统整体可持续发展体系中，经济系统和自然系统有显著的互补性。在自然、经济、人类社会复合生态系统中，良性的自然是人与自然和谐的依托和基础，良性的经济发展是人与自然和谐的关键和途径。因此，良性的复合循环是实现人与自然和谐的必然要求。因此，只有科学地耦合经济系统与自然系统的结构和功能，使它们达到统一与协调发展的良性循环，才能最大限度地保护自然，利用自然服务于人类的经济与社会活动，才能实现经济与自然、社会与自然、人与自然的和谐相处与持续发展。综合绿色海洋 GDP 概念使人们充分认识到人与自然界的和谐共处的本质所在，完善了自然生态系统对生命系统支持功能定量化核算，反映了加强海洋自然环境保护所产生的经济价值和社会效应。综合绿色海洋 GDP 核算把加强海洋生态文明建设、实现人与自然的和谐放在突出的地位，为构建人与自然的和谐社会提供有力的决策依据。

3.6 综合绿色海洋 GDP 核算体系框架

依据综合绿色海洋 GDP 核算体系框架构建的基本原则和基础理论，根据 SEEA-2012 和国外成功的环境经济核算体系，借鉴中国绿色 GDP 核算体系框架，构建了综合绿色海洋 GDP 核算体系框架（图 3-1）。

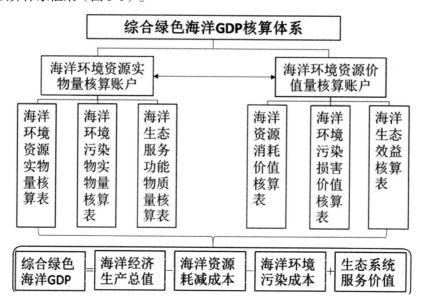

图3-1 综合绿色海洋GDP核算体系

综合绿色海洋 GDP 核算体系框架由海洋环境资源实物量核算和海洋环境资源价值量核算两个大账户构成。其中，海洋环境资源实物量核算账户中包含海洋资源耗减实物量核算、海洋环境污染物实物量核算、海洋生态系统服务物质量核算三个账户。海洋环境资源价值量核算账户也包含海洋资源耗减价值量核算、海洋环境污染价值量核算、海洋生态系统服务价值量核算三个账户。

综合绿色海洋 GDP 核算体系将海洋资源环境要素纳入国民经济资产核算。海洋环境资源实物量账户对海洋资源进行资产存量核算，同时将当期经济活动的资源利用量进行实物流量核算。海洋环境污染物账户设置固体废弃物、废气和废水三大类，每一类污染物可结合研究地区环境污染现实和特点，以及典型的环境问题进行细分。海洋生态系统服务物质量核算包括两个方面：一是海洋系统提供的天然（非人工）产品和海洋系统资源再生产的产品；二是海洋生态系统服务功能用物质量表示，海洋生态系统服务功能可分为积累营养物质、涵养水源、固碳释氧、净化大气、调节气候、保护生物多样性和满足人类审美和益智的需求等多个指标（根据不同生态系统类型可调整其具体指标）。

按照海洋资源实物流量编制海洋资源实物流量核算表时，要注意海洋资源环境统计数据应与经济核算数据一致。通过建立海洋环境资源实物量账户能准确地反映出各项海洋环境资产的存量和流量、环境总量及动态数据。

综合绿色海洋 GDP 核算是根据环境资源的价值进行核算的。因此，必须通过海洋环境实物量账户中的实物进行估价，建立海洋环境价值量账户。这些海洋环境价值量账户包括根据污染物实物流量账户建立的海洋环境损害价值账户、对资源耗减量进行虚拟估价建立的海洋资源消耗账户、对海洋生态系统服务功能虚拟价值量建立的支付账户。海洋环境价值量账户是综合绿色海洋 GDP 核算的重要依据。在获得海洋环境价值量账户后，可通过对传统海洋 GDP 进行总量核算（即在传统海洋 GDP 中减去海洋资源成本和海洋环境污染成本，加上海洋生态系统服务价值），得出综合绿色海洋 GDP 核算总量。

第4章 综合绿色海洋 GDP 核算账户

从国家的统计年鉴上看出，我国在资源与环境因素的核算上，一般也是实物量核算，但核算的内容不完整也不系统，不能建立起环境资源和经济之间的直接联系，造成了资源与环境变化无法直接反映在国民经济运行的结果中。改变这种状况的办法就是对国民经济运行过程及结果从资源与环境数量（价值）上进行系统评估，将经济核算与环境资源核算结合在一起，建立经济与环境资源综合核算。

SEEA-2012 体系框架中设有经济环境实物型流量账户，其设计是针对世界范围的，涉及面较宽，核算程序也较复杂，实施难度较大。因此，经济环境实物型流量账户的设计，一方面要满足环境资源核算纳入国民经济核算体系的要求，另一方面应结合中国的环境资源核算本身的特点，建立具有可操作性的环境经济综合核算账户。

综合绿色海洋 GDP 核算体系中的海洋生态环境因素核算中除消耗资源、海洋环境损害核算外，还包括海洋生态效益核算。海洋资源消耗核算侧重于海洋资产的数量利用方面，包括经济过程中利用海洋资源物质流量及来源，注重的是开发利用过程中的海洋资源耗减数量及其利用效率。海洋环境污染损害核算不仅包括污染物（废气、废水和固体废弃物）的实物与价值核算，而且还包括由于海洋环境污染造成的损害成本核算。海洋生态效益核算主要是核算各类生态系统的服务物质量和价值量。

4.1 海洋经济环境间实物型流量账户

海洋经济与环境间实物型流量账户主要是记录经济系统与环境系统间的实物流量关系。在社会经济活动过程中，要消耗一些自然资源，同时会排放废气、废水和固体废弃物，完成物质从自然环境到经济系统，又从经济系统到自然环境的流量循环。实物型账户主要记载的是与资源的物质流量有关的纯实物数据，采用国民经济核算投入－产出表格式，将经济活动以及与之有关的消耗资源量、排放废弃物量、生态系统服务（以物质量形式）联系在一起，提供详细的经济数据信息。实际上经济与环境间实物核算，是对自然资产在特定时间点上（如一个核算期间有期初和期末两个时间点）的所有量的核算，并按核算期内引起海洋资产存量变化的因素进行分类核算。海洋经济与环境间实物型流量账户描述了核算期内资源动态平衡关系：期末存量＝期初存量＋当期变化量。该账户体现人类经济活动利用中的当期存量变化，体现海洋资产存量核算与资源消耗核算，也体现废弃物的排放和生态服务功能混合核算。

海洋环境实物量核算表构建在国民经济核算框架中的投入—产出表上，全面记录经济活动与资源利用消耗、废弃物（包括污染物）排放以及生态服务产出的关系。按照引起当期存量变化的各种原因，分别编制资源消耗、污染物排放、生态服务产出实物量核算表。实物量核算表明确反映了经济活动中环境实物量来源及当期存量变化量和引起变化的原因。

4.1.1 海洋资源资产实物量核算表

海洋资源资产核算的目的是反映与经济活动有关的海洋资源资产数量的增减变化，如新发现的海洋资源储量，野生动、植物的自然生长，经济适用或海洋资源的开采等引起的资源资产变化。在海洋资源资产数量变化中有些是交易因素引起的，但有些没有参加国民经济的生产核算和收入分配核算，仅列入了资产负债核算，按照现行国民经济核算体系的规定，属于由非交易因素引起，因此需要设置新的账户加以核算。资源消耗实物量核算表综合反映特定时期内环境资产期初存量、期末存量、当期变化三者之间的动态平衡，主要记录当期发生的资源存量的变化即净消费量。其核算表格形式见表 4-1。

表4-1 海洋资源消耗实物流量表

	海洋生物资源	海底矿产资源	海水资源	海洋能资源	海洋空间资源
期初存量					
当期存量增加					
新发现					
自然增长					
当前存量减少					
经济活动利用					
其他变动					
灾害损失					
期末存量					

表 4-1 纵列标题是海洋资源的存量和流量，横行标题是海洋资源的分类，将海洋资源分为海洋生物资源、海底矿产资源、海水资源、海洋能资源和海洋空间资源等。"期初存量"是核算期初的海洋资源总量，"本期增减量"包括"人工培育""开采使用""自然生长""灾害损失"等。它通常被用于反映海洋资源的自然进化和退化情况，人类活动对海洋资源造成的损失，以及人类改造自然、保护资源的劳动成果。

"期末存量"是核算期末海洋资源的总量。表中的平衡关系为：期初存量 + 本期增加量 − 本期减少量 = 期末存量。

海洋资源资产的数据可从《中国统计年鉴》或《中国能源统计年鉴》等资料中找到，因为国家统计部门对不同资源的数量，不同产业部门对不同资源的消费量都有统计。例如，各行业的石油、煤炭和天然气三大主要能源的消费量在《中国能源统计年鉴》中能找到具体数据。

4.1.2 海洋环境污染物实物量核算表

海洋环境污染物排放量是指人类经济活动过程中，直接或间接地向海洋环境排放超过其自净能力的物质，造成海洋环境污染而导致海洋环境质量恶化，给海洋资产和人类的生存与发展带来不利影响。海洋环境污染物（尤其是气态或液态）的特点是区域之间的流动性很强。就目前的核算技术和手段，要准确估算某一区域内的期初及期末环境污染物的存量几乎是不可能的。因此，海洋环境污染实物核算实际上是核算期内排放的废弃物和污染物，记录经济活动的各类污染物生产量、处理量和排放量，把经济活动的过程与海洋环境质量变化联系起来。

海洋环境污染物实物量账户主要记录固体废弃物、废气、废水和工业粉尘等污染物的生产量、处理量和排放量实物核算（表 4-2）。废水处理量核算分别是工业废水和城市生活污水的生产量、废水排放达标量和废水排放未达标量即污染量。大气污染物采用污染物分类指标，包括粉尘、SO_2、烟尘和氨氮 4 种，按照生产工艺过程废气实物量和燃料燃烧过程废气实物量核算。固体废弃物是对各部门产生的固体污染物量、固体污染处理量和排放量进行统计。污染物排放数据来源于环境统计的监测结果，固体废弃物、废水、废气的生产量、排放量和治理量可从《中国统计年鉴》《中国环境统计年鉴》等相关部门的统计年报中得到。

表4-2 海洋环境废弃物实物流量表

	生产量	处理量	排放量
废水			
工业废水			
城市生活废水			
固体废物			
工业生产固体废物			
城市生活垃圾			
废气			

	生产量	处理量	排放量
SO_2			
烟尘			
氨氮			
工业粉尘			
……			

4.1.3 海洋生态服务功能物质量核算表

海洋生态系统服务是指海洋生态系统所提供的能够满足人类生活需要的条件和过程，维持与创造了地球生命保障系统，形成了人类生存所必需的环境条件。一般而言，生态系统具有三种服务：一是向人类提供产品（水产品等），二是调节、支持服务（调节区域气候、维持整个大气化学组分的平衡与稳定、吸收与降解污染物、保存生物进化所需要的丰富的物种与遗传资源等），三是社会服务（科研、文化教育、游憩等）。

海洋生态系统服务功能物质量核算主要是对海洋生态系统提供的各项服务功能，从物质量的角度进行定量评估。海洋生态系统服务功能是在海洋生态系统结构及海洋生态过程中产生的，也就是说海洋生态系统结构及海洋生态过程是物质量评估的理论基础。用物质量评估海洋生态系统服务功能，这为海洋生态系统所提供的服务能力的大小提供了一个评估标准。海洋生态系统具有多种服务功能，包括供给功能、调节功能、文化功能和支持功能等多种功能，每一项服务功能的实物流量估计方法不同，海洋生态服务功能物质量核算表见表 4-3。

表4-3 海洋生态服务功能物质量核算表

	项目	数值
供给功能	捕捞生产	
	养殖生产	
	基因资源	
	原材料	
调节功能	固碳总价值	
	释氧总价值	
	调节气候总价值	
	海洋污染废弃物处理成本	
	修复有害生物危害成本	

续表

	项目	数值
支持功能	营养元素价值	
	基因资源的价值	
	群众多样性的价值	
文化功能	生态旅游服务价值	
	向海洋投入的科研经费	

4.2 海洋环境价值量核算账户

海洋环境资源价值核算主要反映经济活动中海洋环境资源数量的增减、海洋环境质量的恶化或改善所引起的经济价值的增减变化，以及海洋生态系统为人类提供服务的经济价值变化。SEEA-2012 把环境同资源一样作为资产处理，所以环境质量变化就表现为相关资产的价值变化。海洋环境质量的变化不仅与经济活动中排放的废弃物种类和量有关，而且与社会对海洋环境保护与治理的投入有密切关系。因此，海洋环境价值量核算包括海洋资源消耗成本、海洋环境退化成本、海洋资源管理与环境保护支出和海洋生态系统服务效益核算。

4.2.1 海洋资源消耗价值核算表

海洋资源消耗价值核算是指经济过程利用消耗海洋资源所形成的成本，也就是经济活动过程中对海洋资源的利用使得海洋资源量减少的价值的核算。海洋资源消耗价值核算比较侧重于海洋资产的数量利用方面，在海洋资源资产实物量核算表的基础上建立海洋资源损益核算账户，记录了当年核算期发生的各种海洋资源的净减少量即资源耗减成本。一般而言，由于社会经济活动中对海洋资源利用消耗，海洋资源量的变化表现为海洋资源的净减少，这就是海洋资源成本。

目前国民经济核算体系中，资源价值还未纳入核算内。正因如此，为了获取 GDP 快速增长，经济发展不惜以牺牲海洋资源为代价。海洋资源的存储量是有限的，而且有些海洋资源是难以更新和再生的。无节制地掠夺海洋资源，其后果是资源的枯竭，将会造成经济、环境和人类社会的不可持续发展。所以必须把社会经济活动造成的海洋资源净减少量作为海洋资源成本进行核算（表 4-4），并对国民经济核算的相关指标进行调整，这样才能唤起人们在经济活动中对资源有节制使用的意识，以及管理和保护好自然资源的意识。

表4-4 海洋资源消耗价值核算

	海洋生物资源	海底矿产资源	海水资源	海洋能资源	海洋空间资源
期初存量价值					
当期存量增加价值					
发现新资源价值					
自然增长价值					
其他变动（价格增大）价值					
当前存量减少价值					
经济活动利用成本					
其他变动（价格减少）价值					
灾害损失价值					
期末存量价值					

4.2.2 海洋环境污染损害价值核算表

海洋环境损失账户主要描述经济活动过程中所形成的残余物（废水、废气、废物等）进入海洋环境，造成环境污染损害的价值量。与海洋资源消耗价值核算一样，海洋环境污染损害价值核算是指在海洋环境污染物实物量统计的基础上，采用海洋环境保护支出或海洋环境退化成本对经济活动过程中给海洋环境带来的伤害进行价值量核算。

海洋环保支出费是经济体系为了保护环境不受损害、使资源得到可持续利用的实际花费，包括政府、各种组织、各个产业和个人等为了避免海洋环境恶化以及在恶化发生后为了减轻危害而产生的各种费用。这反映了经济体系为保护海洋资源环境所付出的代价。在目前的国民经济核算体系中，对海洋环保支出费常采用中间消耗处理办法，也就是说传统海洋 GDP 核算最终价值中没有剔除海洋环保支出费，也即没有反映经济系统对海洋环境损害的代价，故应对国民经济核算指标进行调整。

海洋环境退化成本，是指经济过程使用了海洋环境提供的服务而形成的成本，以及为了治理未经处理排放污染物需要花费的治理成本。这一部分成本虽然没有实际支出，但却是应该支付的。环境污染损害核算表记录了当年核算期发生的海洋环境退化成本。这种海洋环境退化成本，尚未纳入国民经济核算体系之中，它是从事社会经济活动所付出的环境代价，应纳入国民经济核算内，这就需要对国民经济核算的相关指标进行调整。

由此可见，海洋环保支出费和海洋环境退化成本在计量上是并列存在的，分别对应于环境治理付费的两种不同方式。也就是海洋环保支出费与海洋环境退化成本在计量对象上具有某种同一性，但彼此所采用的计量方法完全不同。环境保护支出以实际发生的支出为估价基础，而海洋环境退化成本是对没有得到保护的那部分海洋环境影响进行的估价，采用了虚拟估价方法。因此，海洋环境污染损害价值核算表应有两种表格形式：一种表格记录未经处理排放污染物需要花费的治理成本，即海洋环境退化成本（表4-5）；另一种表格记录已治理环境的实际支出，即海洋环保支出费（表4-6）。

表4-5 海洋环境退化成本流量核算表

	生产量	处理量	未处理量治理成本
处理废水成本			
处理工业废水成本			
处理城市生活废水成本			
处理固体废物成本			
处理工业生产固体废物成本			
处理城市生活垃圾成本			
处理废气成本			
处理 SO_2 成本			
处理烟尘成本			
处理氨氮成本			
处理工业粉尘成本			
其他			

表4-6 海洋环保支出费流量核算

	政府	各产业部门	各社会组织	个人	……	总计
投入费						
其他						

海洋环境污染损失具有累积性，因此，核算海洋环境污染损失价值的时间长度的把握至关重要，其核算时间长度应与核算周期的时间长度相一致。由此可知，海洋环境污染所造成的经济损失年报告（表）是指一年度所产生的海洋环境污染的经济损失价值，而不是累积损失的价值。

4.2.3 海洋生态效益账户

海洋生态系统服务价值是指海洋生态系统通过直接或间接的方式为社会发展和人类生存提供的无形的或有形的资源的另一种形式的价值。随着人类生存环境日益恶化和自然资源严重短缺，海洋生态系统具有价值，这一概念越来越被人们理解和接受。

海洋生态系统为人类提供淡水、纤维、原材料等产品，这些产品本身就因具有市场价格而具有价值海洋。生态系统还为人类在文化教育、旅游等方面提供众多的惠益社会福利价值。更为重要的是海洋生态系统对人类生存环境起着调控和支撑作用的效益，主要包括维持大气碳氧平衡、调节气候、减轻自然灾害、净化污染物质、形成生物基因库等生态服务价值。

SEEA-2012 提供了试验性生态系统账户，虽然不纳入核算范围，但还是考虑了经济活动对生态系统的伤害（质量和数量），海洋生态系统提供的物质、非物质和生态服务的能力下降等问题。综合绿色海洋 GDP 要公正客观地反映社会的真正财富，必须对海洋生态系统的服务价值进行核算。

海洋生态效益核算是采用一系列价值评估方法，依据海洋生态系统服务功能的物质量进行生态系统服务价值核算。通过海洋生态效益核算能将生态系统无形的服务功能转化为用有形、可衡量、可比较的货币价值量来度量。通过价值核算，向人们展示海洋生态系统服务功能的价值。

通过一系列估价方法将海洋生态系统服务功能由实物量向价值量转化，把海洋生态效益纳入相关的经济账户，从而实现海洋经济核算体系价值与海洋环境价值的连接。从海洋资产存量价值分析，海洋生态效益表征海洋环境价值的增加，体现海洋资产存量为正价值。从经济过程角度分析，海洋生态效益则反映了海洋生态系统提供给经济活动的环境收益价值。

表4-7 海洋生态系统服务效益核算

服务类型	项目	价值量
供给功能	捕捞生产	
	养殖生产	
	基因资源	
	原材料	
调节功能	固碳总价值	
	释氧总价值	
	调节气候总价值	
	海洋污染废弃物处理成本	

续表

服务类型	项目	价值量
支持功能	营养元素价值	
	基因资源的价值	
	群众多样性的价值	
文化功能	生态旅游服务价值	
	向海洋投入的科研经费	

4.3 海洋环境资源核算与综合绿色海洋 GDP 的转换与连接

采用海萨尼（SAMRE）转换方法可以将使用引起的资源数量变化的外部效应，也就是将经济活动外部性引起的环境质量的变化纳入其他账户。海萨尼转换就是将其他流量等同于交易流量来处理。通过海萨尼转换，可以将"自然环境资源"看作活动主体，于是可用交易来处理经济活动引起的外部效应。根据海萨尼转换这一思路，那么均可以用交易流量来处理使用等引起的资源要素的数量变化，以及经济活动的外部性引起的环境要素的质量变化。

因此在对国民经济与海洋资源环境核算有关账户进行设计时，海洋环境恶化成本、海洋资源成本和海洋生态效益都可以纳入相关的经济账户中，从而实现环境因素与经济核算体系的衔接（图 4-1）。这种连接有三重不同含义：一是内部连接，海洋环境资源核算账户中实物量指标与价值量指标的连接，通过货币化模型实现；二是外部连接，利用价值量指标把海洋资源环境核算账户与国民经济核算账户的连接；三是国民经济核算账户的生态、环境因素调整，调整为综合绿色海洋 GDP 核算体系。

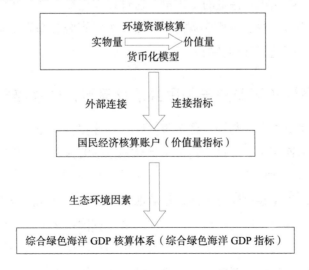

图4-1　综合绿色海洋GDP核算体系的连接模式

4.3.1 实物量指标与价值量指标的内部连接

海洋资源核算账户、环境质量核算账户和生态系统服务账户中，既包含了实物量指标，也包含了价值量指标。本节借助于 SAMRE 方法建立了式（4-1）连接模型，使实物量指标向价值量指标转变。

$$M = N(G - R) \tag{4-1}$$

式中：

M——资源净产值；

G——海洋资源增长量；

R——海洋资源消耗量；

N——资源租金。

在市场估价方法中，海洋资源租金 N 等于同期市场该资源价格 P，资源年末存量的变化量相当于其年末增长量与消耗量之差（G-R）。那么海洋环境净产值可用下式估算。

$$E = PB + K(D - H) \tag{4-2}$$

式中：

E——海洋环境净产值；

B——海洋环境服务流量；

P——海洋环境服务价格；

K——污染物排放的社会边际成本；

H——污染排放量；

D——海洋环境的自净能力。

从长期看，一般而言，海洋环境对任何污染的容纳能力都将达到饱和，也就是最终 D=0，每年的排污量则为年末存量的变化量。通过建立连接模型可使海洋环境和海洋资源的实物量转化为货币量计量，从而实现海洋环境、海洋资源和海洋生态系统服务核算账户内部实物量指标向价值量指标的转换。

4.3.2 海洋环境资源账户与国民经济核算账户的连接

要实现海洋环境资源账户与国民经济核算账户的连接，首先要有一个连接的中介，可把连接指标体系作为连接中介。这个连接指标体系包括海洋环境退化成本、海洋环境保护支出和海洋资源成本三项指标。

海洋环境退化成本是在海洋环境质量核算账户记录的核算期内当年发生的海洋环境质量价值损失，这是一种直接损失。但现行国民经济核算体系之中，这部分损失尚未纳入其核算内。实际上这种损失是社会经济活动中所付出的环境代价，这种代价直接导致社会财富积累的减少，因此，应从经济账户的有关项目中扣除环境退化成本。

海洋环境保护支出是在环境保护与治理账户中记录的核算期内全社会投入的海洋环境保护投入与支出。对于海洋环境保护支出如何处理，某些专家认为不应作为经济总量指标的减项。但这笔费用的支出是为了改善经济活动的环境，也就是说最终产品的价值中包含了这种费用，为反映产品的真实价值，海洋环境保护支出应从经济账户的有关项目中扣除。

海洋资源成本是在海洋资源核算账户中记录的核算期内发生的海洋资源的增减数量相抵以后的净值。资源的耗减意味着原有社会财富积累的净减少，现行国民经济核算体系并没有资源耗减成本核算，这使得社会净积累财富中有虚增的部分。为了真实反映社会积累财富，海洋资源成本必须从经济账户的有关项目中扣除。

4.3.3 国民经济核算体系向综合绿色海洋 GDP 核算体系的调整

在联合国提出的环境经济核算体系——中心框架（SEEA-2012）的基础上，增加生态效益账户，建立综合绿色海洋 GDP 核算账户（表 4-8）。依据表 4-8：变化后的总量指标计算公式如下：

绿色海洋 GDP = 海洋经济生产总值 – 海洋资源成本 – 海洋环境退化成本 – 海洋环境保护支出成本，即

$$绿色海洋 GDP = GDP - RC - EC - F \qquad (4\text{-}3)$$

综合绿色海洋 GDP = 海洋经济生产总值 – 海洋资源成本 – 海洋环境退化成本 – 海洋环境保护支出成本 + 海洋生态效益，即：

$$综合绿色海洋 GDP = GDP - RC - EC - F + ED \qquad (4\text{-}4)$$

绿色海洋 NDP = 海洋经济生产总值 – 固定资产折旧 – 海洋资源成本 – 海洋环境退化成本 – 海洋环境保护支出成本，即

$$绿色海洋 NDP = GDP - CFC - RC - EC - F = NDP - EC - EC - F \qquad (4\text{-}5)$$

综合绿色海洋 NDP = 海洋经济生产总值 – 固定资产折旧 – 海洋资源成本 – 海洋环境退化成本 – 海洋环境保护支出成本 + 海洋生态效益，即

$$综合绿色海洋 NDP = GDP - CEF - RC - EC - F + ED = NDP - RC - EC - F + ED \qquad (4\text{-}6)$$

期初海洋资产存量、期末海洋资产存量的计算公式也发生了变化，分别为

$$KI_p = KO_p + I + Rev_p + Vol_p \qquad (4\text{-}7)$$

式中：

KI_p——海洋资源资产期末存量；

KO_p——海洋资源资产期初存量；

I——生产资产；

Rev_p——海洋资源资产的持有资产损益；

Vol_p——海洋资源资产的其他变化。

$$KI_{np} = KO_{np} - RC + Rev_{np} + Vol_{np} \qquad (4\text{-}8)$$

式中：

KI_{np}——海洋环境资产期末存量；

KO_{np}——海洋环境资产期初存量；

RC——海洋资源成本；

Rev_{np}——海洋环境资产的持有资产损益；

Vol_{np}——海洋环境资产的其他变化。

表4-8 海洋生态、海洋资源、海洋环境与经济综合核算账户

	生产 1	最终消费 2	生产资产 3	海洋资源资产 4	海洋环境资产 5	海洋生态效益 6
期初海洋资产存量 1	—	—	—	KO_p	KO_{np}	—
供给 2	P	—	—	—	—	—
经济适用 3	C_i	C	I_g	—	—	—
资产折旧 4	CFC		$-CFC$	—	—	—
海洋经济生产总值 5	GDP	C	I	—	—	—
海洋资源成本 6	RC	—	—	$-RC$	—	—
海洋环境退化成本 7	EC	—		—	$-EC$	—
环境保护支出成本 8	F				$-F$	—
生态效益 9	ED	—	—	—	—	ED
环境、资源调整后的海洋经济生产总值 10	绿色海洋 GDP	C	I	$-RC$	$-EC$ $-F$	—
生态、环境、资源调整后的海洋经济生产总值 11	综合绿色海洋 GDP	C	I	$-RC$	$-EC$ $-F$	ED
持有海洋资产损益 12	—	—	—	Rev_p	Rev_{np}	—
海洋资产物量的其他变化 13	—	—	—	Vol_p	Vol_{np}	—
期末存量 14	—	—	—	KI_p	KI_{np}	—

第5章 综合绿色海洋 GDP 核算方法

多年来，国内外不少的专家和学者以及有关机构从不同角度、不同方面，对海洋资源的价值、海洋环境变化影响估价和海洋生态系统服务功能效益等进行了大量研究，提出了不少核算方法。尽管有些方法并未得到一致公认，但是，这些为综合绿色海洋 GDP 核算的实施奠定了一定的基础。

5.1 海洋经济生产总值核算

按照国民经济核算的核算方法，海洋经济核算体系构建以后，应该针对海洋经济运行的各个环节，建立海洋经济核算账户（包括生产账户、收入分配及支出账户、资本账户、金融账户、资产负债账户和国外部门账户），以账户的形式对海洋经济运行过程和结果进行描述，并在此基础上，开展海洋经济的主体核算、基本核算、附属核算以及海洋绿色核算。但由于在《国民经济行业分类》中只有海洋渔业等极少数海洋产业有专门的分类，其他海洋经济活动均融合在国民经济的不同行业中而没有专门的海洋分类，这一现实条件使我们无法按部就班地去开展海洋经济核算，只能通过科学研究来寻找其他途径解决这一问题。海洋生产总值（Gross Ocean Product，缩写为 GOP）是海洋经济管理和沿海各级政府最为关注的海洋经济指标，是目前我国海洋经济核算的核心内容。

5.1.1 海洋生产总值核算框架

海洋生产总值核算方法是在海洋经济统计的基础上，参照国民经济核算基本原理，利用国民经济核算数据资料，结合海洋经济活动特性，通过构建海洋生产总值核算模型，对国民经济核算数据进行数据处理，计算海洋生产总值。

海洋生产总值是指按市场价格计算的沿海地区常住单位在一定时期内海洋经济活动的最终成果，是海洋产业和海洋相关产业增加值之和。海洋生产总值由三部分构成：海洋产业增加值、海洋科研教育管理服务业增加值和海洋相关产业增加值。因此，海洋生产总值等于海洋产业增加值、海洋科研教育管理服务业增加值和海洋相关产业增加值之和。

此外

$$海洋生产总值 = \sum 海洋第一、二、三产业增加值$$

海洋经济生产总值核算模型的构建就是通过把各类核算指标（总量指标、海洋分产业指标）与海洋生产总值各类核算方法有机地结合起来。主要海洋产业增加值核算包括海洋产业、海洋油气业、海洋矿业、海洋盐业、海洋船舶工业、海洋化工业、海洋生物医药业、海洋工程建筑业、海洋电力业、海水利用业、海洋交通运输业、滨海旅游业所有产业增加值之和，其中海洋水产品加工业增加值以及海洋工程建筑业采用行业剥离法核算，海洋渔业增加值、海洋油气业增加值、海洋盐业增加值、海洋船舶工业增加值、海洋化工业增加值、海洋生物医药业增加值、海洋交通运输业增加值、海洋旅游业增加值均采用增加值率法核算。

海洋科研教育管理服务业增加值核算包括海洋信息服务业、海洋环境监测预报服务、海洋保险与社会保障业、海洋科学研究、海洋技术服务业、海洋地质勘查业、海洋环境保护业、海洋教育、海洋管理、海洋社会团体与国际组织所有产业增加值之和，均采用行业剥离系数法进行核算。

海洋相关产业增加值核算包括海洋农林业、海洋设备制造业、涉海产品及材料制造业、涉海建筑与安装业、海洋批发业、海洋零售业、涉海服务业所有产业增加值之和。其中：海洋农、林业增加值的计算采用增加值率法；海洋设备制造业增加值、海洋仪器制造业增加值、海洋产品再加工业增加值、海洋原材料制造业增加值的计算依据海洋及相关产业与国民经济行业分类（GB/T4754—2011）分类，然后采用增加值率法进行增加值的核算；涉海建筑与安装业增加值、海洋批发业增加值、海洋零售业、涉海服务业增加值的计算采用行业剥离法。实际核算中在计算出海洋经济总量与海洋产业价值量后，海洋相关产业价值量指标按照下列公式计算：

$$海洋相关产业增加值 = 海洋生产总值 - 海洋产业增加值$$

$$海洋相关产业总产出 = 海洋经济总产出 - 海洋产业总产出$$

5.1.2 海洋生产总值核算方法

通过把各类核算指标（总量指标、海洋分产业指标）与海洋生产总值各类核算方法有机地结合起来，构建出海洋生产总值核算模型。

5.1.2.1 增加值率法

增加值率法，是指利用"海洋产业总产出"与"海洋产业对应的国民经济行业增加值率"的乘积，来计算海洋产业增加值的方法。"海洋产业总产出"通常由该海洋产业中的涉海企业总产出数据汇总而成。计算公式为：

$$海洋产业增加值 = 海洋产业总产出 \times 对应国民经济行业增加值率$$

5.1.2.2 扩展法

扩展法是指在海洋产业辐射力、海洋产业影响因素分析与产业关联等研究的基础上，从海洋产业对国民经济其他行业辐射影响的角度，计算涉海产业辐射力系数，并应用海洋产业特质系数进行修正，对主要海洋产业数据进行扩展处理，最终核算出海洋经济总量。扩展法的核心是利用国民经济投入产出表构建的产业间的经济、技术联系，计算海洋产业对其他产业的辐射程度。通过扩展法可以核算出海洋生产总值、海洋经济总产出两个总量指标。

海洋生产总值由主要海洋产业增加值和海洋产业对国民经济各行业的辐射或波及影响两部分构成。即：

$$GOP = GOP_o + GOP_r = \sum_{n=1}^{i} \sum_{n=1}^{j} (V_{ij}R_{ij}) + \sum_{n=1}^{i} \sum_{n=1}^{j} (V_{ij}R_{ij}Y_{ij}\eta_{ij})$$

$$= \sum_{n=1}^{i} \sum_{n=1}^{j} [V_{ij}R_{ij}(1+Y_{ij}\eta_{ij})] \qquad i=1,2,\cdots,11;\ j=1,2,\cdots,12$$

式中：GOP——海洋生产总值；GOP_o——主要海洋产业增加值；GOP_r——海洋产业对国民经济各行业的辐射或波及影响；V_{ij} 为 i 地区 j 海洋产业总产值；R_{ij} 为 i 地区与 j 海洋产业同质的国民经济行业增加值率；Y_{ij} 为 i 地区 j 海洋产业的辐射力系数；η_{ij} 为 i 地区 j 海洋产业特质系数。

其中：

$$GOP_r = \sum_{n=1}^{i} \sum_{n=1}^{j} (V_{ij}R_{ij}Y_{ij}\eta_{ij}) \qquad i=1,2,\cdots,11;\ j=1,2,\cdots,12$$

涉海产业辐射力系数：

$$Y_j = BL_j + FLS_i$$

式中：Y_j——j 涉海产业的辐射力系数，表示一个涉海产业部门增加一个单位产出，引起的国民经济其他部门的产出增量；BL_j——j 涉海产业后向连锁效应系数；FLS_i——i 涉海产业前向连锁效应系数。

其中：

$$BL_j = \sum_{i=1}^{n} b_{ij} \qquad j=1,2,\cdots,n$$

表示第 j 个涉海产业部门与供给其投入原料的国民经济其他产业部门的关系。b_{ij} 代表完全消耗系数。

$$FLS_i = \sum_{j=1}^{n} b_{ij} \qquad i=1,2,\cdots,n$$

表示第 j 个涉海产业部门与使用其产品作为投入原料的国民经济其他产业部门的关系。b_{ij} 代表完全消耗系数。

海洋产业特质系数

$$\eta(i, f_n) = X_i(f_1, f_2, \cdots, f_n)$$

式中：$\eta(i, f_n)$——由 n 个因子集成的海洋产业 i 的特质系数；$X_i(\cdots)$——海洋产业 i 的各类海洋产业特质系数因子的集合；f_n——海洋产业特质系数的第 n 个因子。f_n 因子主要包括海洋产业区域特质系数、海洋产业影响力特质系数、海洋产业感应度特质系数、海洋产业区位商特质系数等。

扩展法是建立在国民经济投入产出分析基础上，通过计算涉海产业辐射力系数，并辅以海洋产业特质系数方法核算海洋生产总值的海洋经济核算方法。扩展法核算的实质是投入产出分析，理论基础是产业关联理论和投入产出理论，其原理同国民经济核算原理是一致的。因此，扩展法的优势是显而易见的，这一点在实际核算工作中，得到了很好的验证。其优势主要表现在以下几方面。

①实用性强。扩展法对国民经济行业基础数据要求不高，门类数据即可满足核算要求，便于根据地区行业数据进行剥离计算，具有较高的实用性。

②衔接性好。由于扩展法的核算结果与国民经济行业构成一一对应的关系，同时也充分考虑了区域间的不同特点，因此扩展法核算出的海洋相关产业实现了与现行海洋经济统计标准、规范的有效衔接。

③可比性好。扩展法的核算数据基础是现行的主要海洋产业统计数据，通过国民经济投入产出表计算出海洋产业对国民经济的辐射或波及影响，进而核算出海洋生产总值，实现了主要海洋产业统计数据与海洋生产总值的对应和比较，同时也有利于通过主要海洋产业历史统计数据进行历年海洋生产总值的推算和预测。

④时效长。由于国民经济投入产出表更新周期较长，因此在进行海洋生产总值核算时只需根据海洋统计数据，并修正海洋特质系数，即可得出海洋生产总值，容易满足海洋经济核算时效性的要求。

⑤适用性强。海洋投入产出是一套开放的系统，可以针对不同地区、不同行业特性增加修正系数。

但是，扩展法也存在着不足之处，主要表现在两个方面：一是对国民经济投入产出有很强的依赖性，由于国家投入产出表更新速度较慢，核算系数具有一定的时滞性；二是比较适合于总量核算，对细项的核算优势不明显。

5.1.2.3 剥离法

海洋产业主要采用剥离法进行核算。剥离法是一种基于相关分析的核算方法，其核心是以国民经济行业数据为基础，在综合比较影响海洋经济的各因素间关系的基础上，确定海洋产业的剥离系数，并辅以重点调查、抽样调查以及专家评估方法，对剥离系数进行修正，利用最终确定的剥离系数从国民经济各行业的核算数据中剥离出海洋产业的产值数据。

剥离法主要用于海洋产业核算，其核算公式为：

海洋产业增加值 = 对应国民经济行业总产出 × 海洋产业增加值率 × 海洋产业剥离系数

理论上，由于我们已经制定了与国民经济行业分类对应的海洋及相关产业分类标准，如果有国民经济小类（4 位码）核算数据，那么通过确定的剥离系数应该能很方便地核算出对应的海洋产业数据，同时，核算数据的准确性也能够得到很好的保障。但受客观条件的限制，目前只能获得第二产业规模以上工业的 4 位码数据，对其他产业只能获得门类或大类数据，因此只能通过技术处理的手段来进行剥离，由于不同产业的发展情况不尽相同，统计数据质量也参差不齐，因此对于不同产业要采取不同的剥离方法。

（1）完全剥离法

对于统计基础好、数据可信度较高，或者可直接从国民经济核算结果分离出来的海洋产业，可采用完全剥离法进行核算，即从海洋经济统计数据或国民经济核算结果中，直接提取对应的海洋产业数据，其剥离系数为 1，如海洋渔业、海洋石油和天然气业、海洋盐业等。

对尚未形成规模开发的新兴海洋产业，如海洋波浪发电、大洋多金属结核开采、海底热液矿床开采等，其剥离系数为 0。

对某些地区明确不存在的产业，其剥离系数为 0。

（2）相关分析剥离法

利用相关分析方法进行剥离的重点在确定海洋产业产值与背景区域的社会经济、人口、自然资源和发展条件等指标的相关关系。①指标之间确实存在着数量上的依存关系，即一个指标发生数量上的变化，另一个指标也会相应地发生数量上的变化，如一个地区增加一定数量的海洋从业人口，海洋产业产值就会相应地增加；②指标之间的数量依存关系并不是绝对一一对应的，即一个指标发生数量上的变化，是由多个指标的变化所引起的，并不同任何单一的指标构成绝对数量关系。例如，并非每增加一定数量的人口就会增加一定的海洋产业产值；因为对于海洋产业产值来讲，除受人口因素影响外，还要受地区整体经济、地区自然条件、资源等其他因素的影响，是多种因素共同作用的结果。

相关分析方法的主要目的是从地区各行业产值中剥离出海洋产业产值，即将各行业产值中有关海洋产业产值的信息提取出来。所以，定义海洋产业产值为 Y，即因变量，再分析影响海洋产业产值的各种相关因素，包括海洋产业产量、地区资源、地区人口、地区经济等方面的主要指标，分别定义为变量 X_1、X_2、X_3……，通过统计数据计算海洋产业产值与变量 X_1、X_2、X_3……或某个变量的函数变换后的单相关系数，确定主要影响因素。

确定单相关系数最高的（至少应在 0.9 以上）变量，作为海洋产业产值的替代变量 p；挑选国民经济行业中与替代变量 p 可对应的变量 q，计算国民经济对应行业产值与此变量 q 替代表现，则海洋产业产值可用 $p/q × θ$（比例修正值）作为系数从国民经济行业产值中剥离。

（3）部门（行业）比重剥离法

第一，利用部门产值比重剥离海洋产业。如果某一部门产值占对应的海洋产业产值的比重相对稳定，则可用此比重作为剥离系数，根据部门产值推算出对应的海洋产业产值。

第二，利用涉海行业比重剥离海洋产业。对于与国民经济对应行业同比变化的海洋产业，采用涉海行业比重剥离法进行核算。即使用实物量比重，或者价值量比重作为剥离系数，从国民经济核算数据中剥离出海洋产业产值，如海洋石油化工业对应的国民经济行业为"有机化学原料制造"，以某沿海省为例，想要核算该省海洋石油化工业的增加值，先确定该省海洋石油化工的剥离系数，然后再利用该省"有机化学原料制造"的增加值计算出海洋石油化工业的增加值。

海洋石油化工业剥离系数 = 全国海洋原油产量 /（沿海地区原油产量 + 石油净出口量）

（4）企业比重剥离法

在调查资料的基础上，根据某一个海洋产业中所有企业的坐落地点，分别统计出位于沿海地带和其他地区的企业个数，然后计算出沿海地带企业所占的比重，依据此比重作为剥离系数，从对应的国民经济行业产值中剥离出对应的海洋产业产值。

（5）面积比重剥离法

某些海洋行业具有明显的地域性，如海滨砂矿业，在无法获得具体资料的情况下，可以直接采用面积比重作为剥离系数，即用沿海地带陆域面积 / 沿海地区陆域面积作为剥离系数，或用海岸带面积 / 沿海地区陆域面积作为剥离系数，再根据国民经济行业中的采掘业中的数据，核算出海滨砂矿业产值。

综上所述，在剥离法中，相关分析方法是处于核心地位的核算方法，它不仅是统计学中比较实用的方法，也是对现象间进行相关关系分析有效的科学方法。通过相关分析剥离方法可以将各海洋产业产值从国民经济行业分类数据中剥离出来，使海洋产业产值与国民经济行业产值相对应。其优势主要体现在以下几个方面。

①应用范围广。相关分析剥离方法适用于海洋经济核算许多领域，可以应用于所有海洋产业的数据剥离。对于国民经济行业分类的任何层次，均可使用此方法进行数据剥离。

②参考因素全。利用相关分析方法进行剥离需要参考各种关联因素，筛选重要影响因素，可以为海洋经济数据剥离提供较为准确、可靠的参考依据。

③结合性好。相关分析剥离方法通过研究海洋统计数据与国民经济的关系进而利用各种相关因素从国民经济数据中剥离海洋经济数据，可使海洋经济数据和国民经济数据密切结合。

④可信度高。剥离数据源于各年的国民经济行业数据，首先国民经济行业数据具有权威性，提高了海洋经济数据的可信度；其次充分利用当年国民经济行业数据，保证了海洋经济数据的可靠性。

⑤数据剥离细。剥离后的海洋经济数据与国民经济行业分类层次是相同的，所以在数据细致程度上，能与我国国民经济核算保持同步。

⑥扩展性强。相关分析方法与统计学中的其他方法具有紧密的联系，在处理特殊问题时还可以引入主成分分析、聚类分析等方法进行分析研究。

但是，由于相关分析剥离方法是对历史数据进行研究，所以主要适用于资料基础较好的主要海洋产业（包括海洋渔业、海洋石油和天然气业、海滨砂矿业、海洋盐业、海洋船舶工业、海洋交通运输业、滨海旅游业）数据的剥离。对于海洋科研教育管理服务业和海洋相关产业的数据剥离，由于资料可得性较差，数据剥离结果很不理想。

5.2 海洋资源成本核算

我国虽然是一个海洋大国，但人均海洋资源却不多，海洋生态环境先天脆弱，如果不改变目前高消耗、高污染的海洋经济增长方式，我国将没有足够的海洋资源来支持今后的海洋经济乃至社会经济的发展。因此，推进综合绿色海洋经济核算，对海洋经济进行科学的综合核算，保持海洋经济增长、社会经济发展与海洋资源协调发展，是推进海洋资源可持续开发利用的必要手段。进行海洋资源成本核算的重要目标之一就是要对经济过程中利用消耗的海洋资源进行货币估价，可以说，解决了海洋资源消耗成本的定价问题，也就解决了海洋经济产值的计量调整问题。

5.2.1 海洋资源价值理论

从理论上说，海洋资源的价值主要包括两部分：海洋自然资源本身的价值，即没有经过人类劳动参与的天然产生、存在的那部分价值；另一部分为基于人类劳动投入产生的那部分价值。在现实生活中，海洋资源存在都或多或少的有人类劳动的痕迹，随着我国沿海地区社会经济、海洋经济以及海洋科技的发展，人类劳动同海洋资源相结合形成的财富规模不断扩大，同时造成沿海地区社会经济、海洋经济发展对海洋资源需求的不断扩大，使很多海洋资源相对于这种不断扩大的需求而言，其现存量和再生量都表现出日益增长的稀缺性。在这种情况下，人类不得不投入大量劳动逐步形成新的人工海洋自然资源产业，通过投入人类劳动使可再生资源得以更新，用人工方法来促使其再生量逐步等于或超过其耗用量，并为不可再生资源寻找替代资源。由此，人类为海洋资源开发与保护所耗费的劳动，也构成了海洋资源的价值实体，决定了海洋资源的价值量。

5.2.2 海洋资源定价方法研究

5.2.2.1 现值法

该方法认为海洋资源的出售价格超过各项成本之和的部分，即为其内在"价值"。如果海洋资源是在若干年内开发的，则应视其开采时距现在的时间长短，对海洋资源的价值

进行贴现，各年的现值总和即为该海洋资源存量的价值。定价模型为

$$V = \sum_{t=0}^{T} \frac{(S_t - C_t - R_t)}{(1+r)^t}$$

式中：

V——海洋资源存量总价值；

T——预计可开发年限；

S_t——海洋资源在 t 期的销售额；

C_t——t 期海洋资源开发投入（包括中间消耗、工资、折旧等）；

R_t——t 期投资资本的"正常回报"；

r——贴现率。

该方法存在的不足：第一，该方法用到了贴现率，但人们对贴现率的选择存在较大争议，不同的定价者选择不同的贴现率，对同一海洋资源会得到不同的定价；第二，现值法需要用到大量的数据，有的数据不易得到，如要求预测出未来各年海洋资源开发利用量、销售价格和各种开发成本等，这些不确定因素的增加，会影响到对海洋资源的准确定价。

5.2.2.2 净价格法

该方法与现值法相似，不同之处在于该方法认为，已探明的地下资源，无论是当年开采的，还是未来开采的，都有同样的内在价值，因此，不需要对未来开发利用的海洋资源价值进行贴现。定价模型为

$$V_t = \left(\frac{S_t - C_t - R_t}{Q_t} \right) \times \sum Q_t$$

式中：

V_t——t 期海洋资源的全部存量价值；

S_t——海洋资源在 t 期的销售额；

C_t——t 期海洋资源开发投入（包括中间消耗、工资、折旧等）；

R_t——t 期投资资本的"正常回报"；

Q_t——t 期海洋资源开发利用量；

$\sum Q_t$——海洋资源预计可开发利用总量。

式中右边括号中表示海洋资源的单位价值（被称为海洋资源的单位净价格）。用单位净价格乘以经济活动消耗的该种资源量，则得到对该种资源的环境消耗成本。因此，净价格法不仅能用于海洋资源存量估价，也能用于海洋资源的流量定价。

5.2.2.3 再生产补偿费用法

根据马克思再生产补偿理论，资源的价值量等于对经济活动消耗海洋资源的再生产成本。据此，能够估算出被消耗海洋资源的价值及单位价值，用海洋资源的单位价值分别与

海洋资源存量和消耗量相乘，则可以得到海洋资源的存量价值和海洋资源的消耗成本。

资源存量定价模型：

$$V_t = \left(\frac{C_t}{\Delta Q_t}\right) \times \sum Q_t$$

资源消耗成本定价模型：

$$V_t = \left(\frac{C_t}{\Delta Q_t}\right) \times Q_t$$

式中：

V_t——某海洋资源存量价值或某海洋资源消耗成本的定价；

ΔQ_t、C_t——t 期再生产（即补偿）海洋资源数量以及再生产活动中所消耗的活劳动和物化劳动成本；

$\sum Q_t$——某海洋资源总存量；

Q_t——某海洋资源在 t 期的消耗量。

式中右边括号中代表海洋资源的单位价值，为了避免各个时期的波动性，这一单位价格可以用最近几期的平均数代替。该方法假定的前提是：只要付出一定费用，总可以补充新的海洋资源。如果这种假定成立，则新补充的海洋资源成本就是海洋资源再生产（即补充）活动所消耗的活劳动和物化劳动的价值。

5.2.2.4 机会成本法

机会成本的概念是新古典经济学派提出来的一种原理，在费用—效益分析中，把社会费用看作是机会成本。由于某种决策或选择，把有限的海洋资源用于某种用途后，就放弃了用于其他用途的机会，而将该海洋资源用于其他用途时所能创造出的最高价值就是该海洋资源的机会成本。

5.2.2.5 替代市场价值法

替代市场价值法，是在研究不可再生自然资源的稀缺性、有限性，及其与人类社会对该种资源的需求、消费不断增加的矛盾时提出的。自然资源的替代市场价值法主要是或常常是在某种自然资源使用将尽，亦即接近枯竭时，人们研究、开发替代物质的机会成本，并参照对社会经济发展的作用，以价格形态给出的。因此，海洋资源的替代市场价值法定价，就应该是由对不可再生海洋资源的替代资源的发现、开发和获取的费用（成本）来确定。但这样给出的价值，往往由于研究、开发的途径、方案不同，其价值变化幅度也较大，缺乏准确性。

5.2.3 确立海洋资源成本核算方法

5.2.3.1 我国海洋资源成本核算思路

本文所开展的海洋资源成本核算，是指对海洋资产性资源，即直接（或一次）开发利用各种海洋物质产品（如海洋油气、矿产、水产、滩涂资源等）的核算，而不包括二次开发后的资源产品。海洋资源成本核算是指海洋经济活动过程中对资源耗减的实物量、价值量进行核算，主要包括对可再生海洋自然资源的过度消耗，即超过其自然增长率部分的消耗，以及对不可再生资源的消耗。海洋资源实物量核算主要用相应的单位计量各类资源的耗用量，海洋资源价值量核算是在对海洋资源消耗成本评估的基础上，核算各类资源的价值量的增减。海洋资源成本核算框架见图 5-2。

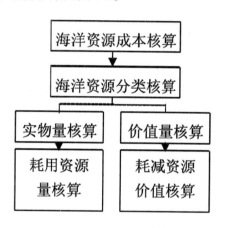

图5-2 海洋资源成本核算框架

由于我国目前对海洋资源核算的研究尚不成熟，目前的核算理论应用性不强，这为本文开展海洋资源成本核算带来诸多不便，为了能够使研究工作顺利开展，本文确定如下海洋资源、环境成本核算原则：首先是选取已经形成产业化生产的海洋资源开发种类，使彼此不利因素抵消在产业化生产过程中，即主要对我国目前已经进行统计的十三个主要海洋产业所涉及的直接海洋资源的消耗进行核算；其次是选取在海洋开发活动中具有实物意义和经济意义的资源种类；最后是选取能独立形成产品的资源种类。根据以上原则，海洋资源成本核算的范围包括海洋生物资源（主要指经济鱼类资源）、浅海滩涂资源、大陆架油气资源、海洋矿业资源、海域资源等。

对海洋资源成本核算的基础是确定海洋资源的价格。价格是价值的货币表现形式，因此对海洋资源的价值量的定价，即对海洋资源成本的确定首先是资源价格的确定过程。然后将价格与海洋资源使用量相乘的所得值，作为我国海洋资源成本的核算值。

5.2.3.2 海洋资源价格的确定

目前我国进行统计的十二个主要海洋产业包括：海洋渔业、海洋石油和天然气、海滨砂矿业、海洋盐业、海洋化工业、海洋生物医药业、海洋电力业、海水利用业、海洋船舶工业、海洋工程建筑业、海洋交通运输业、滨海旅游业。这十二个主要海洋产业所耗减的直接（一次）海洋资源包括海洋水产资源、海洋油气资源、海洋矿业资源、海洋生物资源、海水资源、浅海滩涂资源等，其中海洋电力业、海洋船舶工业、海洋交通运输业、滨海旅游业等基本不牵涉海洋一次资源的消耗，只是对海洋环境造成一定的影响，在此暂不考虑；我国海洋生物医药业、海水利用业近年来发展迅速，但海洋生物医药业整体产业规模较小，资源使用量低，暂且忽略不计，海水利用业虽然已形成规模，但目前国内外海水利用尚处于无偿使用阶段，对其定价理论不成熟，因此对海水资源的定价将在海洋环境成本核算中进行，即主要确定对海水使用所造成的污染成本。本文对海洋资源核算的研究主要针对可耗竭资源，或者虽然所占用的海洋资源仍然存在，但是其使用性质已经发生改变，并且其原来的使用价值基本丧失。目前，针对各种海洋资源核算方法的研究，主要通过对前人海洋资源核算研究方法的总结及改进，来对海洋渔业资源、海洋油气资源、海洋矿业资源、港址资源、海域资源这几类资源进行定价研究。

（1）海洋渔业资源

海洋渔业资源按生产方式划分，可分为天然捕捞资源和人工养殖资源；按品种划分，可分为鱼类、虾蟹类、贝类和藻类四大类，每一类中又可分为许多具体的品种，如近海鱼类有 1694 种，其中经济鱼类有 20 多种、近海虾类有 300 多种、蟹类 600 多种等。因此，要想对水产资源的每一个品种进行定价是很困难的。但初步可以通过总体的角度来计算海洋渔业资源的价值。其方法是通过计算收益来计算渔业资源的价值量。渔业资源价值公式：

$$P = \frac{A}{j} = \frac{\sum A_j}{i}$$

式中：

A——海洋渔业的年纯收益；

A_j——第 j 种经济鱼类的年收益；

i——还原利率。

根据海洋渔业资源在实际核算中出现的问题，我们也可以按照其成本进行初步核算，即

$$C = Y - C_{捕捞} - C_{养殖} - C_{维护} - C_{折旧}$$

式中：

C——消耗的渔业资源的价值；

Y——海洋渔业的年收益；

$C_{捕捞}$——捕捞成本；

$C_{养殖}$——海水养殖投入成本；

$C_{维护}$——海水环境维护、治理、使用金等的投入成本；

$C_{折旧}$——固定资产折旧，如捕捞船等的折旧成本。

但是在考虑海洋渔业资源消耗时，应该注意海洋渔业资源属于可再生资源，如果捕捞量小于其自然繁殖率，则并不影响海洋渔业的可持续发展，同时，人工养殖海洋渔业资源进行捕捞以及远洋捕捞对于沿海地区海洋渔业的可持续发展并不形成威胁，不影响我国海洋渔业的可持续发展，因此，对海洋渔业资源耗减成本核算，应主要考虑近海渔业资源中天然存在的部分，并且应该是小于其自然繁殖量的部分。所以，可以对上述公式进一步简化：

$$C = Y - C_{捕捞}$$

$$Y = Y_{水产品产值} - Y_{远洋捕捞产值} - Y_{人工养殖捕捞产值} - Y_{自然繁殖量的价值}$$

式中：

C——海洋渔业资源的耗减成本；

Y——我国海域超过水产资源自然繁殖量的纯天然渔业资源量的产值；

$Y_{水产品产值}$——我国总的水产品产值；

$Y_{远洋捕捞产值}$——远洋捕捞水产品的产值；

$Y_{人工养殖捕捞产值}$——人工养殖水产品的产值；

$Y_{自然繁殖量的价值}$——渔业资源的自然繁殖量，在此范围内进行捕捞，不影响海洋渔业的可持续发展；

$C_{捕捞}$——我国海域渔业捕捞成本。

（2）海洋油气资源

海洋油气资源是一种可耗竭性资源，可以被制造成各种产品，供人们生产、生活使用，产生收益。将各种产品价格扣除运输、开采、勘探和开采成本、利润后即为海洋油气资源的价格。因此，海洋油气资源的定价公式为：

$$P = F - C(1+R) - \frac{P_1}{d} - T$$

式中：

F——国际市场油气价格，或者是在国际市场价格体系的基础上，参照国内价格体系所得出的修正值；

C——海洋油气开采总成本；

R——海洋油气生产部门平均利润率；

P_1——地质勘探储量价格；

d——资源利用率；

T——运输价格。

事实上，在现实海洋油气生产中只有可采储量才有经济意义，因此上式中 P_1/d 失去意义，同时，如果采用原油销售的参考价，并在油气开采成本计算中考虑了企业所得税等，则可将上式简化为：

$$P + F - C$$

（3）海洋矿业资源

海洋矿业资源的性质与海洋油气资源相似，因此，其计算公式相似：

$$P = F - C(1 + R) - T$$

式中：

F——国际市场砂矿价格，或者是在国际市场价格体系的基础上，参照国内价格体系所得出的修正值；

C——海洋矿业资源开采总成本；

R——海洋矿业生产部门平均利润率；

T——运输价格。

如果采用海洋矿业销售的参考价，并在砂矿开采成本计算中考虑了企业所得税等，则可将上式简化为：

$$P = F - C$$

5.2.3.3 海洋资源成本核算

通过对各种海洋资源消耗实物量核算获得具体消耗的海洋资源数量，再乘以依据以上公式计算的各海洋资源价格可以实现对具体海洋资源的耗减成本核算，核算公式如下：

$$C_i = P_i \times Q_i$$

式中：

C_i——某种海洋资源的耗减成本；

P_i——某种海洋资源的价格或单位价值；

Q_i——某种海洋资源的消耗量，在此主要指某种海洋产业生产过程中某种海洋资源的产量。

计算出以上各种一次海洋资源的消耗成本后，再加上我国每年围填海所造成的对海域资源消逝的成本，即可获得我国每年消耗的海洋资源的成本，对海洋资源消耗成本进行核算公式如下：

海洋资源消耗成本 =∑ 消耗资源价值 × 资源使用量（消耗量）+ 围填海造成海域面积减少的价值

即

$$C_{海洋资源耗减} = \sum C_i + P_{填海面积}$$
$$= \sum P_i \times Q_i = P_{填海面积}$$

式中：

$C_{海洋资源耗减}$——海洋经济活动中利用、消耗海洋资源所形成的成本；

65

$P_{填海面积}$——通过围填海造地造成我国海域永久消失，改变了海域的自然使用属性减少的海域面积的价值，或称填海造地导致海洋资源损失的成本。

填海造地用海是指通过筑堤围割海域，填成能形成有效岸线土地，完全改变海域自然属性的用海。填海造地用海具体分为三类：第一，建设填海造地用海是指通过筑堤围割海域，填成建设用地用于商服、工矿仓储、住宅、交通运输、旅游等的用海；第二，农业填海造地用海是指通过筑堤围割海域，填成农用地用于农、林、牧业生产的用海；第三，废弃物处置填海造地用海是指通过筑堤围割海域，用于处置工业废渣、城市建筑和生活垃圾等废弃物，并最终形成土地的用海。由于海域价值根据时间的推移将不断变化，对其难以预测，目前只能通过征收海域使用金的方式，对其目前的价值进行初步估计，因此对围填海造成海域面积减少的价值进行核算主要通过其海域使用金的征收额来实现，其计算公式如下：

$$P_{填海面积} = \sum_{j=1}^{3} \sum_{t=1}^{6} P_j^i \times S_j^i$$

式中：

$P_{填海面积}$——通过围填海造地造成我国海域永久消失，改变了海域的自然使用属性，减少的海域面积的价值，或称填海造地导致海洋资源损失的成本；

P_j^i——第 i 等别海域被用于第 j 种填海类型所需征收的海域使用金；

S_j^i——第 i 等别海域被用于第 j 种填海类型，填成能形成有效岸线土地，完全改变海域自然属性的用海面积。

但在目前，我国对海域使用的统计主要还是按照以前针对海域围填海后形成陆地的使用用途进行的统计，主要分为城镇建设用海、围垦用海和工程项目建设用海三种类型，即并没有形成海域围填海按照海域等别、用海类型分别进行统计的统计制度，只能按照使用用途类型分围填海的面积。因此对围填海进行初步计算公式如下：

$$P_{填海面积} = \sum_{i=1}^{3} P_i \times S_i$$

式中：

P_i——第 i 种海域围填海使用所征收的海域使用金价格；

S_i——第 i 种海域围填海使用所占用的海域面积。

5.3 海洋环境成本核算

一般来说，人类对客观世界使用价值的认识主要来自三方面的影响，即科学技术水平、生产力水平和客观世界自身的表现。因此，随着海洋生态学、生态经济学和海洋科学及其他应用科学的出现和应用,以及人类认识海洋、开发利用海洋的能力的不断加强,人们逐渐认识到,不仅以组成海洋生态系统的海洋资源要素为原料而制造出来的商品有价值,而且海洋生态环境系统所表现出来的生态效益,如调节气候、吸收分解人类生产和生活垃圾等对社会生产和人民生活也起着很重要的作用,即海洋生态环境系统也具有价值。因此,对海洋经济活动造成海洋环境破坏所形成的生态效应的下降所形成的成本进行核算,对于我国海洋经济可持续发展,甚至人类社会的可持续发展都具有重要意义。

5.3.1 海洋环境价值理论

随着我国海洋经济的迅猛发展,对海洋环境造成了越来越大的压力,海洋环境仅靠自然界的自然再生产已远不能满足现实的高速经济发展的需要,为了保持海洋环境的生态效益和经济发展需求增长相均衡,必须付出一定的劳动参与海洋自然环境的再生产和进行海洋生态环境的保护。按照马克思的劳动价值理论,一种物品要具有价值,必须经过人们的劳动过程。当今世界,人口急剧增加,人类广泛的生产、生活活动产生的废弃物对我国海洋环境的威胁越来越大,甚至超过了环境自身的承载力,如渤海正在面临变成"死海"的危机。为了防止海洋环境受到进一步污染,造成人类的生存危机,人类社会应投入大量的劳动,对海洋环境进行勘探、保护、治理和管理,因此从这个意义上说,海洋环境凝结了人类劳动,具有劳动价值,即具有价值。因此,海洋环境的价值就是人们为使社会经济发展与海洋自然生态环境保持良好的平衡而付出的社会必要劳动。

5.3.2 海洋环境定价方法研究

5.3.2.1 生产率下降法

人类经济活动向海洋环境排放废物,引起海洋环境质量下降,形成海洋环境退化成本,使海洋环境要素的服务功能下降,即海洋环境资产的生产率下降,其直接表现是,同样的其他初始投入(资金和劳动力等)条件下,产出量的下降,由此,我们可以将减少的产出量的市场价值,作为海洋环境资产质量恶化的成本。由于生产率下降引起的成本和利润的变化是以市场价格来计量的,故该法又称为市场价值法。定价模型为:

$$D = \Delta Q \times P$$

式中:

D——海洋环境资产的恶化成本;

ΔQ——海洋环境资产生产率下降导致的经济产品减少量;

P——产品单位价格。

上述定价模型假定,产出量的减少量 ΔQ 相对于整个市场(全国范围)的销售量的比例很小,可以认为产出量的减少不会引起产品价格的上升。生产率下降法具有定价公式简便的优点,然而,该方法在有效获取 ΔQ(海洋环境资产质量下降导致的产品减少量)

资料时，存在两个棘手问题：第一，产品产量由多种因素决定，海洋环境因素导致的产品产量下降，可能会由于其他因素的改善，而使产量增加；第二，产量减少的滞后性。

5.3.2.2 人类健康损害法

海洋经济活动的外部不经济性不仅表现为环境质量的下降，而且还会对人类健康造成损害，使劳动力水平下降或提前丧失。人类健康损害法将人看作劳动力（生产要素之一），用海洋环境污染引起的人类劳动力损失的价值作为海洋环境质量下降成本的估计值。因此，也有人称之为"人力资本"法。

我们将海洋环境污染给人类健康带来的损害，在经济方面造成的损失分为两大类：一是人类健康受损后，为了治疗疾病和恢复健康，需要花费一定的医疗费用，这被称为第一类损失；二是劳动力的暂时丧失（住院等）、永久性丧失（残疾等）和提前丧失（死亡、提前退休等），以及生产力生产率的下降（有些疾病出院后体质将下降而不能完全复原）等造成产值的减少，这被称为第二类损失。对于人类健康损害的定价，人们已提出了不少方法，现介绍一个具有代表性的定价公式：

$$L = L_1 + L_2$$

式中：

L——海洋环境污染对人体健康损害的经济损失；

L_1——治疗因海洋污染而患病人员的支出（第一类损失）；

L_2——海洋污染引起劳动力生产率下降造成的经济损失（第二类损失）。

L_1 的计算公式为：

$$L_1 = \sum P_{x_1}^n P_{x_2}^n P_{x_3}^n Y_n (1+r)^{-(n-x)}$$

式中：

$P_{x_1}^n$——年龄从 x_1 年活到 n 年的概率；

$P_{x_2}^n$——年龄从 x_2 年活到 n 年，并有劳动能力的概率；

$P_{x_3}^n$——年龄从 x_3 年活到 n 年有劳动能力，并仍在工作岗位上的概率；

Y_n——n 年时的工资收入；

r——t 年到 T 年的有效社会贴现率。

L_2 目前多采用人力资本法（或工资损失）进行计量，国外多采用"米山"（Misham）公式计算：

$$L_2 = \sum Y_t P_T^t (1+r)^{-(t-T)}$$

式中：

Y_t——预测个人在 t 年的工资收入；

P_T^t——某人从 T 年活到 t 年的可能性;

r——t 年到 T 年的有效社会贴现率。

这两类损失,虽然均属于海洋环境污染的成本,但不能简单地从经济总量指标中减去。因为,第一类损失是额外的医疗费用,海洋环境污染引起健康损害,健康损害引起医疗支出增加,从而引起地区生产总值的增加,而对这种对人没有益处的地区生产总值的增加部分,应该在地区总产值中减去,而在海洋经济总量中未予体现;第二类损失是劳动力损失带来的收入损失,可以说,劳动力损失已经在地区生产总值或海洋经济中得到体现,因此无须再对经济总值进行修正。

5.3.2.3 维护成本定价法

此类方法是从海洋环境资产经过使用后,维护其质量不下降所需的补偿费用角度出发,评估海洋经济活动对非实物型海洋自然资源消耗的环境成本,即海洋环境恶化成本。海洋资产维护成本的具体估算方法,取决于维护海洋环境资产质量的各种活动的选择,如防护(避免)活动、恢复活动、重置活动等,包括防护(避免)成本法、恢复成本法和影子工程法等。

①防护(避免)成本法,该方法使用防护或避免环境质量下降,所需消耗的活劳动和物化劳动价值,作为海洋经济活动的环境成本定价。环境防护成本一般分为三项:

投资费用 T:

$$T = \sum_{i=1}^{n} \sum_{j=1}^{m} X_{ij}$$

式中:

X_{ij}——用于防治污染、"三废"综合利用以及为减轻污染而进行的生产工艺改革的项目费用;

i,j——项目个数。

运行费用 Y:

$$Y = \sum_{i=1}^{n} R_i$$

式中:

R_i——每年用于环保固定资金维护和运行的日常性开支,也包括每年的预计拨款和其他来源的开支;

日常费用 G:

$$G = \sum_{i=1}^{n} S_i + \sum_{i=1}^{n} P_i + \sum_{i=1}^{n} Z_i$$

69

式中：

S_i——事务费用，包括收集资料；

P——意外污染事故赔偿费用；

Z_i——咨询、学术交流费用；

n——年数。

将上述三部分加总即可得某年的防护成本。

②恢复成本法，又称重置成本法，该方法旨在核算海洋环境质量下降后，为恢复海洋环境质量所需的成本。恢复成本法是将海洋经济活动引起的海洋环境质量恶化的恢复（再生产）成本，作为海洋环境恶化的成本定价。

③影子工程法，又称替代工程法，是恢复成本法的一种特殊形式。如果海洋经济活动使某一海洋环境资产的功能永远性失去，则用建造一个与原来海洋环境资产功能相似的替代工程的成本，作为海洋经济活动对原来海洋环境资产的消耗成本。

通过上述分析，并对三种海洋环境定价方法的研究，笔者认为目前我国开展海洋环境污染核算，宜采用维护成本定价法（即海洋污染治理成本），并辅以环境降级评估定价，对海洋环境成本进行核算。原因如下：

第一，海洋经济活动的外部不经济性对海洋环境和人类健康等造成的损害，人类目前尚不完全了解，因此，若要对这些损害进行全面估价是非常困难，甚至是不可能的；

第二，生产率下降法、人类健康损害法这两种方法虽然能够估算出海洋环境恶化给人类福利带来的损失，但是通过生产率下降法、人类健康损害法估算出来的海洋环境污染成本，已经在实际观察到的、已经下降了的产值中体现出来，因而不再需要对当前的海洋经济产值进行修正或调整；

第三，维护成本定价法符合马克思再生产补偿理论和可持续发展的要求，将海洋自然资产与生产资产同样对待，对一定时期海洋环境资产使用后，海洋质量下降的维护成本进行估算，与固定资产提取折旧额的估算思想相一致，符合传统国民经济核算的准则与习惯做法。

5.3.3 海洋环境成本核算方法

5.3.3.1 我国海洋环境成本核算思路

根据《中国绿色国民经济核算研究报告 2004》的研究成果，海洋环境成本核算的内容主要包括实物量核算和价值量核算两部分。海洋环境污染实物量核算，主要是对各种影响海洋生态环境质量的污染物进行核算，包括排入海的废水、废物，以及我国海域的海水质量状况等；海洋环境污染价值量核算，即对海洋环境污染成本进行核算，主要包括海洋污染治理成本和海洋环境退化成本两部分，其中，海洋污染治理成本又可分为实际污染治理成本和虚拟污染治理成本。实际污染治理成本是指目前已经发生的治理成本，虚拟治理成本是指将目前排放至海洋中的污染物全部处理所需要的成本。环境退化成本是指在目前的治理水平下，生产和消费过程中所排放的污染物对环境功能造成的实际损害。海洋环境成本核算框架见图 5-3。

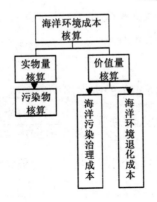

图5-3 海洋环境成本核算框架

5.3.3.2 海洋环境污染实物量核算

环境污染实物量核算主要内容包括水污染、大气污染以及固体废弃物污染实物量核算，具体方法是核算各地区与海洋经济相关的各种污染物的产生量、去除量和排放量。

本文根据《中国环境经济核算技术指南》，结合辽宁省海洋经济发展实际情况，按照不同的地区，建立实物量账户。水污染通常是指由于人类活动或自然过程使有害物质进入水体中，从而造成环境污染。本文选取水污染中最主要的两种污染物 COD 和氨氮进行核算，将其污染源分为工业源、农业源与城镇污染源，主要核算其产生量、去除量和排放量。大气污染通常是指由于人类活动或自然过程使有害物质进入大气中，从而造成环境污染。本文所研究废气污染物实物量核算指标主要包括二氧化硫、氮氧化物及烟（粉）尘，其污染源可分为工业与城镇污染源。固体废物按来源大致可分为生活垃圾、危险废物和一般工业固体废物三种。由于没有生活垃圾和危险废物的产生量和无序堆放量的统计数据，所以本文只核算工业固体废物的处置量、贮存量和利用量。

（1）废水实物量核算

环境污染成本中废水治理成本中的实物量核算主要核算入海污水中与海洋经济相关的 COD 和氨氮含量。其中，入海污水包括入海河流与排污口排放的污染物以及沿海三市开放式养殖产业产生的污染。

1）入海河流与排污口排放的污染物总量核算

根据相关监测检验报告以及统计数据，汇总开展水质监测的入海河口名称、分布、排放量，核算入海排污口排放的污染物总量。污染物入海通量计算方法如下：

$$R = \sum_{i=1}^{n} R_i$$
$$R_i = \sum_{i=1}^{N} N_i \times C_i$$

式中：

R——污染物入海总量（吨）；

R_i——为第 i 条河流的污染物入海通量（吨）；

N_i——该河流的入海口水质浓度（mg/L）；

L_i——该河流的年径流量（亿 m^3）。

其中

$$海洋经济相关的废水污染物含量$$
$$=污染物入海总量 \times \frac{辽宁省海鲜生产总值}{辽宁省国民生产总值}$$

$$各地区与海洋经济相关的入海废水污染物含量$$
$$=与海洋经济相关废水污染物含量 \times \frac{该区域海洋生产总值}{辽宁省海洋生产总值}$$

2）开放式养殖产生废水量核算

江河携带污染物入海和陆源入海排污口排污是影响近岸海域海洋环境质量的主要原因。除此之外，辽宁沿海地区开放式养殖带来的水环境污染也是辽宁海域水环境污染的主要来源。辽宁省滨海湿地开放式养殖产生污染物的品种主要为贝类养殖。根据相关文献，每年每克干重贝类产生粪便量中的干重物为 1.76 g，其中含有 0.13 g 碳、0.0017 g 氮。因此贝类养殖污染计算公式为：

$$COD 产生量 = 养殖品种的养殖量 \times 0.13 \times 48/12$$
$$氨氮产生量 = 养殖品种的养殖量 \times 0.0017$$

（2）废气、固废实物量核算

废气、固废实物量通过剥离法对2015年辽宁省统计年鉴中废气、固废排放量进行剥离，其中

$$各地区废气(固废)污染物产量$$
$$=统计年鉴中废气(固废)产生量 \times \frac{该区域海洋生产总值}{该区域生产总值}$$

5.3.3.3 环境污染价值量核算

本文用治理成本法对环境污染价值量进行核算，核算内容分为两部分：实际治理成本和虚拟治理成本。其中，实际治理成本是指使污染物达标排放的治理费用，虚拟治理成本是指未经处理而排放到环境中的污染物全部进行治理所需要的费用。由于入海废水中污染物全部对海洋环境造成影响，因此入海废水计算不区分实际治理价格与虚拟治理价格。考虑到核算的可行性，本文单位虚拟治理成本与单位实际治理成本采用相同数值。结合姜小媛、杨建军、张圣琼等的研究，具体核算公示如下：

$$废水治理成本 = 入海废水污染物总量 \times 单位体积治理价格$$
$$废气实际治理成本 = 处理量 \times 单位体积治理价格$$
$$废气虚拟治理成本 = 排放未达标量 \times 单位体积治理价格$$
$$= （1 - 排放达标率）\times 单位体积治理价格$$

固体废物的虚拟治理成本包括两部分，即处置排放废物以及处置贮存废物的虚拟治理成本，其中：

$$虚拟治理成本（排放废物）= 排放量 \times 单位处置成本$$
$$虚拟治理成本（贮存废物）= 贮存量 \times （单位处置成本 - 单位贮存成本）$$

由《中国绿色国民经济核算研究报告 2004》对虚拟治理成本的定义可知，对核算期内造成海洋环境破坏的污染物的治理成本进行核算主要就是对海洋环境治理的虚拟成本进行核算。但用治理成本法计算虚拟治理成本，忽视了排放污染物对海洋生态系统所造成的危害，等于假设治理污染的成本与污染排放所造成的危害相等。因此从严格意义上说，利用虚拟治理成本核算得到的仅是防止海洋环境功能退化所需的治理成本，是排海污染物所可能造成的最低环境退化成本，而非实际造成的环境退化成本。

环境退化成本采用污染损失成本法进行核算，一般以地域范围计算，对 GOP 的调整仅限于总量层次，需要对某海区进行专门的污染损失调查，确定污染排放对当地海洋环境质量产生影响的货币价值，从而确定污染所造成的环境退化成本。但是海洋退化所造成的损失应慎重考虑其累计性，因为绝大多数海洋环境污染损失都是流动性指标，具有累计性和潜伏期，而对于这些累计性海洋环境污染所造成的损失进行估价和年度分摊十分困难，所以，海洋环境成本核算应该是对核算期内产生的海洋污染所带来的损失进行核算，而不是累计损失。

因此本研究报告对海洋环境污染成本核算方法进行进一步简化，暂不对海洋环境退化成本进行核算，以此作为对我国海洋环境污染成本的核算结果。

在具体核算过程中，考虑到海洋环境污染的实际，主要对陆源污染物进行核算，原因如下：第一，海洋环境降级造成海水水质恶化、海洋中污染物含量变化属于具有累计性和延续性的流量指标，对于这些累计性海洋环境污染指标所造成的损失进行估价和年度分摊十分困难，同时，通过《中国海洋统计年鉴》的记载，海水水质、海洋中污染物含量等情况未发生变化，造成对这部分内容核算的实际困难，因此出于对核算方法的可行性考虑，暂不考虑本部分的具体核算工作；第二，据权威部门统计，海洋中污染物主要来源于陆地排入海的废水、废物以及河口携带入海的污染物，因此，对这部分进行核算基本可以反映出核算期内海洋环境污染的整体情况；第三，海上及船运生产、生活垃圾排海，虽然亦构成海洋污染的一部分，但相对陆源污染物来说很少，并且目前并没有对其进行治理的费用统计、研究，对其进行具体核算十分困难，因此在此不对其污染成本进行价值量核算，只对其进行实物量核算。

5.4 海洋生态系统服务价值核算

海洋生态系统服务功能是指海洋生态系统与生态过程所形成、维持人类赖以生存的自然环境条件与效用。它具体的服务功能可以分为 4 个方面，供给功能、调解功能、支持功能和文化功能。

5.4.1 供给功能及评估方法

供给功能是海洋生态系统最基本的功能，它是指海洋生态系统为人类提供食品、原材料等产品，从而满足和维持人类物质需要的功能，主要包括食物供给、原料生产的功能。据统计，世界海洋渔业资源可捕获量大约为 4 亿吨，为目前海洋渔获量的 4 倍，相当于全球总人口对蛋白质总需求量的 7 倍。除了给人类提供大量的蛋白质食物外，海洋也是人类生产生活中很多重要材料的来源，为人类提供着丰富的化工原料、医药原料和装饰观赏材料等。

由于食物供给和原材料的价值较为直观，目前国内外学者通常采用市场价值法来进行评估，就是直接利用产量和产品的市场价格来进行计算。计算公式如下：

$$V = \sum S_i \times Y_i \times P_i$$

式中：

V——物质产品价值；

S——第 i 类物质的生产面积；

Y_i——第 i 类物质的单产；

P_i——第 i 类物质的市场价格。

5.4.2 调节功能及评估方法

调节功能是指人类从海洋生态系统的调节过程中获得的服务功能和效益，主要包括大气调节、气候调节、废弃物处理、生物控制功能。

5.4.2.1 大气调节及评估方法

海洋生态系统的大气调节功能主要表现为海洋浮游植物通过光合作用吸收 CO_2，释放 O_2，对维持大气中 CO_2 与 O_2 的动态平衡起着不可替代的作用。

对于固碳释氧两个方面的价值，国际上通常采用有效成本法以及意愿调查法，而我国主要采用碳税法和造林成本或者工业生产氧气的价格进行计算。从光合作用方程式出发，按照化学计量，每固定或消耗单位重量的植物干物质所能吸收或释放的二氧化碳或氧气的量，进而由碳税法和工业生产氧气价格计算固碳释氧的价值。具体计算公式如下：

$$V_c = Y_c \times R_c$$

$$V_o = Y_o \times R_o$$

式中：

V_c——固碳总价值；

Y_c——单位面积海洋固碳量；

R_c——固碳价格；

V_o——释氧总价值；

Y_o——单位面积海洋释氧量；

R_o——释氧价格。

5.4.2.2 气候调节及评估方法

气候调节功能是指海洋对全球降水、温度及其他由生物媒介参与的全球及地区性气候的调节功能，海洋主要通过吸收温室气体调节气候。海洋对调节大气 CO_2 平衡有着极其重要的作用，它通过缓和大气 CO_2 浓度来调节大气温室效应。据测算全球大洋每年从大气吸收 CO_2 约 20 亿吨，占人为排放总量的 30% ～ 50%。海洋生态系统对全球气候的稳定和变动起着重要的作用。

对海洋生态系统气候调节估算通过采用与同纬度内陆地区的差异效用进行保守估计。采用替代成本法，以达到此温度差异所需空调耗电的价值作为海洋调节气候功能的价值。计算公式如下：

$$V = S \times R \times Y \times \alpha$$

式中：

V——调节气候总价值；

S——调节气候功能收益面积；

R——实现此温度差异所需布置的空调密度；

Y——实现此温度差异空调所需消耗的电量；

α——电费单价。

5.4.2.3 废弃物处理及评估方法

海洋污染废弃物处理是指由人类生产、生活产生的废水、废气及固体废弃物等自然或人为的方式进入海洋，然后在海洋中稀释、扩散、浓度降低；随后经过海洋的物理、化学和生物处理后，最终转化为无害物质的功能。

对于废弃物处理的评估方法目前国内外通常采用影子工程法，即计算通过人工去除相同数量污染物的成本来估算此项服务功能的价值。

5.4.2.4 生物控制及评估方法

在海洋生态系统中，有害生物主要包括两类：一类是能够引起赤潮的藻类，另一类包括一些能够产生毒素的海绵、腔肠动物和鱼类等。海洋生态系统可以通过自身的调节来减少这些有害生物对人类造成的危害。

对于生物控制的评估通常采用防护费用法，即假设海洋生态系统失去自身调节功能的情况下，以人为方法修复海洋中发生的上述现象所需要的成本价值。

5.4.3 支持功能及评估方法

支持功能是保证海洋生态系统供给功能、调节功能和文化功能供给所必需的基础功能，支持功能对人类的影响是间接的或者通过较长时间才能发生的，具体包括营养物质循环、物种多样性维持功能。

5.4.3.1 营养物质循环及评估方法

海洋生态系统主要通过垂直混合、水平输运和大气沉降三种物理途径汇集各种营养元素。进入海洋生态系统的各种营养元素经过物理、化学反应被海洋浮游植物、鱼类等生物吸收，通过食物链，实现营养元素在海陆之间的循环。

通常国内采用下式来计算营养物质循环的价值：

$$P(t) = \sum S_i(t) M_i(t) P_i(t)$$

式中：

P——营养元素价值；

S_i——生态系统的面积；

M_i——营养元素的持留量；

P_i——营养元素的价格。

5.4.3.2 生境提供（生物多样性维护）及评估方法

海洋生物的生境包括气候条件、水文条件、海底状况等。海洋生态系统为已发现的大约 21 万种海洋生物提供着栖息的场所。该项服务功能价值应该由该生态系统所维持的生物多样性的价值（基因资源的价值）以及群众多样性的价值组成。

对于这两项价值的评估，通常采用意愿调查法、重置成本法、影子价格法等，但在国际上，主要采用意愿调查法。国内很多学者在计算此项服务功能价值时，通常采用将每种生物赋予一个单价，然后将一个生态区域的所有种类加入来进行计算。

5.4.4 文化娱乐功能及评估方法

文化娱乐功能是指人们通过精神感受、知识获取、主观印象、消遣娱乐和美学体验等方式从海洋生态系统中获得的非物质利益，主要包括休闲娱乐、文化价值和科研价值等功能。

5.4.4.1 休闲娱乐及评估方法

休闲娱乐功能是指海洋提供给人们游泳、垂钓、潜水等功能，包括旅游功能和为当地居民提供的休闲功能。

对于休闲娱乐的价值普遍采用替代市场技术中的旅行费用法或者模拟市场技术中的意愿调查法进行评价，其中，在国内的研究中，采用前者的比较多。旅游服务价值 = 交通费住 + 宿费饮食费 + 门票费 + 旅游时间费用 + 其他费用，具体的计算模型有：

$$P_a(t) = TV(t) + P_b(y) + \int_0^{P_m} Y(x) \mathrm{d}x(t)$$

式中：

P_a——生态系统生态旅游服务价值；

TV——旅行费用支出；

P_b——旅游时间价值；

P_m——增加费用最大值；

$Y(x)$——费用与旅游人次的函数关系；

Y——增加费用；

x——旅游人次；

t——年度。

5.4.4.2 文化、科研价值及评估方法

海洋生态系统的文化功能是指人们通过精神感受、知识获取、主观印象和美学体验从生态系统中获得的非物质利益，主要包括以海洋生态系统为基础形成并发展的颇具特色的民族文化多样性、精神和宗教价值、社会关系、知识系统（传说的和有形的）、教育价值、灵感、美学价值及文化遗产价值。

对于科研价值的评估目前没有较好的方法，目前国内通常采用的是将向海洋投入的科研经费作为国家或政府的支付意愿来计算海洋的科研价值。

第6章 综合绿色海洋GDP
核算实例分析

考虑数据的可获得性及核算的可操作性，本研究结合第五章辽宁省综合绿色海洋经济核算方法，对2015年辽宁省综合绿色海洋GDP进行核算与分析。

6.1 研究区域概况

6.1.1 辽宁省经济发展情况

辽宁省位于我国东北地区，是东北三省中唯一拥有海岸线的省份，是我国沿海省份的最北端。辽宁省作为内蒙古及东三省重要出海口，内接渤海、外接黄海，是环渤海经济圈的重要组成部分。辽宁省临海与朝鲜、韩国、日本隔海相望，与俄罗斯、蒙古、朝鲜陆路接壤，地理位置优越，经济战略地位十分重要。辖区内总人口4 229.7万人，人均地区生产总值65 000元。

2015年辽宁省各项经济指标均在正常范围内，发展稳定，产业结构调整进展顺利，全省生产总值28 669亿元，比上年同期增长了7.38%，高于同期国内生产总值增长速度7.0%。其中三大产业增加值分别是第一产业2 384.03亿元，第二产业13 041.97亿元，第三产业13 243.02亿元。产业结构调整进一步加强，三大产业增加值比率从去年的8：50：42变为今年的8：46：46。其中第一产业和第三产业所占比重有所增加，第二产业比重稍有下降。

表6-1 辽宁省GDP三大产业产值

单位：亿元

产业类别	2010	2011	2012	2013	2014	2015
第三产业	6 849.4	8 159.0	9 460.1	11 033	11 956	13 243
第二产业	9 976.8	12 152	13 230	13 963	14 384	13 042
第一产业	1 631.1	1 915.6	2 155.8	2 216.2	2 285.8	2 384.0

注：数据来源于《辽宁统计年鉴2016》。

从表 6-1 可以看出，辽宁省 GDP 绝对值逐年增加，其中第一产业、第三产业的绝对值逐年增加，第二产业在 2014 年前稳步增长，2015 年略有下降。产业格局从 2014 年前的"二、三、一"格局过渡到 2015 年的"三、二、一"格局。由 2010 年至 2015 年数据横向比较可知，第一产业保持平稳增长，占比小，第二、三产业虽略有浮动，但所占比重很大，产业结构相对合理。良好的三大产业结构，能促进经济健康发展。

表6-2 辽宁省GOP占全省GDP比重

年份	占全省 GDP 比重（%）	第一产业比重（%）	第二产业比重（%）	第三产业比重（%）
2010 年	14.19	19.36	11.40	17.03
2011 年	15.05	22.82	11.90	17.93
2012 年	13.65	20.73	10.13	16.97
2013 年	13.75	22.54	10.05	16.67
2014 年	13.68	18.32	9.81	17.46
2015 年	12.31	16.95	9.48	14.26

注：数据来源于《中国海洋统计年鉴 2016》《辽宁统计年鉴 2016》。

从表 6-2 可以看出，2015 辽宁省海洋生产总值占辽宁省地区生产总值的 12.31%。海洋三大产业产值占全省三大产业产值比重分别为第一产业占比 16.95%，第二产业占比 9.48%，第三产业占比 14.26%。辽宁省海洋经济在全省经济中所处地位虽然偏下，但也有着不可或缺的地位。由上述分析可知，第二产业所占比重略低，应发展经济，加大第二产业所占比重。

6.1.2 辽宁省海洋经济发展情况

如图 6-1，辽宁省辖区内共有大连、丹东、锦州、营口、盘锦、葫芦岛 6 个沿海城市。土地总面积 14.84 万 km²，海岸线总长度 3034 km，其中大陆岸线长 2110 km，岛屿岸线长 924 km，海水养殖面积 93 万 hm²。码头长度 7.7 万 m，泊位数 404 个。

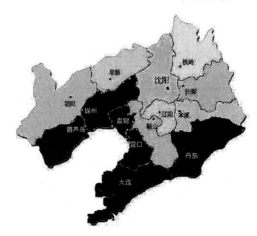

图6-1 辽宁省沿海经济带地图

通过资源整合的方式，辽宁沿海六城市充分发挥各自的比较优势，节约机会成本，各要素之间实现了各自禀赋功能的有机互补，变输血为造血实现了六城市的一体化发展，以海岸线为轴，向内陆辐射，带动内陆发展，开发重点以优势海洋自然资源为主，包括渔业资源、盐业资源、旅游资源、海洋农林资源等。

近年来，辽宁省加快重点园区建设步伐，优化调整海洋产业结构，建设发展港口，海洋牧场建设也取得了新进展。

2015 年辽宁省海洋经济在面临巨大困难的形势下，保持经济稳步增长。其中，海洋旅游业、海洋交通运输业、海洋科研教育管理服务业等第三产业优势项目对海洋经济的拉动作用日渐明显。随着海洋技术的不断创新突破，海洋传统产业得到提升，海洋高科技产业快速发展，涉海金融、海洋文化等新兴服务业得到发展。

辽宁省 2015 年海洋生产总值 3 529.2 亿元，海洋生产总值占全省生产总值的 12.31%，占全国沿海地区生产总值的 5.39%，排名全国第八位。涉海就业人员 333.7 万人，人均海洋生产总值 10.58 万元。海洋生产总值中，第一产业 404.1 亿元，第二产业 1236.7 亿元，第三产业 1 888.4 亿元，结构比为 11∶35∶54。（数据来源：《中国海洋统计年鉴 2016》）

表6-3　辽宁省海洋生产总值全国海洋生产总值及其占比排名

年份	辽宁省海洋生产总（亿元）	全国海洋生产总值（亿元）	占比（%）	全国排名
2015	3 529.20	65 534.40	5.39	8
2014	3 917.00	60 699.10	6.45	8
2013	3 741.90	54 718.30	6.84	8
2012	3 391.70	50 172.90	6.76	8
2011	3 345.50	45 580.40	7.34	8
2010	2 619.60	39 619.20	6.61	8

注：数据来源于《中国海洋统计年鉴 2016》。

由表 6-3 所示，海洋经济增长与国民经济增长基本保持一致，但海洋产业结构的构成优于国民经济，海洋第三产业的比重在海洋经济中基本保持稳定，逐步形成以海洋产业为导向的第二产业、第三产业。

辽宁省与其他沿海省份相比，在沿海十一个省份中排名第八位，处于中下等水平。辽宁省的海洋生产总值远远低于排名第一的广东省，二者间差额达 10 913.9 亿元。与同在渤海湾的山东相比，差额达 8 893.1 亿元。海洋经济发展还有很长的路要走。

辽宁省海洋经济在全省经济中所占比重较小，属于偏低水平，但是经济保持发展，逐年快速稳定增长，从绝对数量上来看，经济增长显著。已经初步形成以海洋渔业、滨海旅游业、海洋交通运输业及海洋科研教育管理服务业为主的海洋产业结构。

辽宁省主要海洋产业仍是传统海洋产业如海洋第一产业海洋渔业等。辽宁省新兴海洋产业正逐步增多，产业结构处于转型期。产业结构的优化升级仍有较大可能及空间，注重海洋高科技技术研究，加大海洋科研投入，现阶段海洋生物医药、海水利用业等新兴产业都有较好发展。

6.1.3 辽宁省海洋经济三大产业发展情况

海洋三大产业结构是分析海洋经济发展现状和水平的主要理论依据。与辽宁省三大产业结构相似，海洋经济也包括以海洋渔业为主的海洋第一产业、以工业建筑业为主的海洋第二产业和以服务业为主的海洋第三产业。

表6-4 辽宁省三大产业GOP产值

单位：亿元

年份	全省 GOP	第一产业	第二产业	第三产业
2015	3 529.20	404.10	1 236.70	1 888.40
2014	3 917.00	418.70	1 411.00	2 087.30
2013	3 741.90	499.60	1 402.70	1 839.60
2012	3 391.70	447.00	1 339.70	1 605.10
2011	3 345.50	437.10	1 445.70	1 462.70
2010	2 619.60	315.80	1 137.10	1 166.70

注：数据来源于《中国海洋统计年鉴2016》。

由表 6-4 可知，2015 年，辽宁省海洋经济三大产业比重分别为 11.45%、35.04%、53.51%，产业结构呈"三、二、一"格局。同期辽宁省生产总值第一产业、第二产业、第三产业比重分别为 8.32%、45.49%、46.19%。相较于国民经济，海洋经济的发展对第三产业的依赖度更高，而海洋经济第二产业则低于国民经济第二产业。

辽宁省三大产业在 2013 年、2014 年达到顶峰后 2015 略有回落。但是在全国 GOP 所占比重中，第一产业在全国 GOP 中所占比重最大，超过 10%，再次证明海洋渔业为辽宁省支柱产业。

2010 年至 2015 年这五年间，辽宁省海洋产业增加值与海洋相关产业增加值比重相对稳定，海洋产业继续占据海洋经济主体，海洋相关产业增加值略有下降。海洋相关产业在辽宁省海洋经济发展中的下滑趋势，反映出海洋科技创新及投入不足，海洋科技创新体系尚未形成。

海洋产业与海洋相关产业比例结构是海洋经济独有的构成结构，二者相互促进，相互依赖。

表6-5 辽宁省海洋及相关产业增加值

单位：亿元

年份	合计	海洋产业	主要海洋产业	海洋科研教育管理服务业	海洋相关产业
2015	3 529.2	2 258.9	1 633.5	625.5	1 270.3
2014	3 917.0	2 507.2	1 927.8	579.4	1 409.8
2013	3 741.9	2 372.8	1 857.2	515.6	1 369.1
2012	3 391.7	2 119.8	1 658.9	460.9	1 271.9
2011	3 345.5	2 050.0	1 642.8	407.2	1 295.6
2010	2 619.6	1 640.6	1 288.7	351.9	979.0

注：数据来源于《中国海洋统计年鉴 2016》。

表6-6 辽宁省海洋及相关产业增加值比重

年份	合计（%）	海洋产业（%）	主要海洋产业（%）	海洋科研教育管理服务业（%）	海洋相关产业（%）
2015	100	64.0	46.3	17.7	36.0
2014	100	64.0	49.2	14.8	36.0
2013	100	63.4	49.6	13.8	36.6
2012	100	62.5	48.9	13.6	37.5
2011	100	61.3	49.1	12.2	38.7
2010	100	51.5	45.6	5.9	48.5

注：数据来源于《中国海洋统计年鉴 2016》。

分析表 6-5、6-6，各产业增加值稳步上升，海洋产业、海洋科研教育管理服务业所占比重上升，海洋相关产业下降。海洋科研教育管理服务业的比重小，应加快海洋科研教育管理服务业的建设。海洋科研教育管理服务业既属于新兴海洋产业，又是第三产业，应大力发展海洋科研教育管理服务业，使其更好地服务地方发展。

6.1.3.1 海洋第一产业经济发展情况

海洋第一产业是指人类利用海洋生物有机体的物质功能，通过捕捞、增养殖取得海水产品的生产部门，包括海洋捕捞业、海水养殖和海洋渔业服务。

辽宁省海洋资源丰富，水产种类多样。海域辽阔，养殖条件得天独厚，是纬度最高，水温最低的海域。拥有诸多渔场，截至 2015 年辽宁省共拥有渔港 18 个。其中，中心渔港 6 个，一级渔港 12 个。海洋渔业资源十分丰富，生物种类繁多，合计有三大类五百多种，渔业发展优势得天独厚。截至 2015 年，辽宁省海水养殖面积 93 万 hm²，约为内陆水鱼养殖面积的 4 倍。拥有鱼类 200 多种，其他虾蟹贝藻头足类水产品种类众多。

2015 年辽宁省海洋经济第一产业产值 404.1 亿元，占海洋生产总值比重 11.45%，远远高于全国平均水平的 5.1%。第一产业排名从全国并列第六上升到第五，海洋渔业具有良好的结构优势和竞争力。海水养殖面积 93.3 万 hm²。海水养殖面积略有增加，达到 93.31 万 hm²，比上年增加 0.49%。产量小幅增加，达到 294.2 万吨，比上年增长 1.8%；海洋捕捞产量略有下降，为 137.79 万吨，比上年下降 2.02%；其中远洋捕捞总产量 19.46 万吨，海水养殖产量 294.2 万吨。拥有渔船 3.81 万艘，从业人员 36 万人。近几年辽宁省海洋渔业生产总值虽逐年下降，但海洋水产品产量稳步增长，海水养殖及远洋渔业生产能力持续提高。（数据来源：《中国海洋统计年鉴 2016》《辽宁省 2015 年渔业统计年报》）

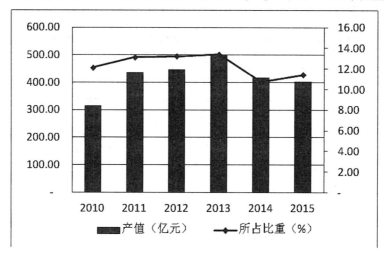

图6-2 海洋渔业产值及其占GOP比重

注：数据来源于《中国海洋统计年鉴 2016》。

由图 6-2 可以看出，海洋渔业产值在 2013 年达到顶峰后有回落，所占比重也在 2013 年达到顶峰后下降，渔业产值的下降与国家休渔政策有直接关系。从图 6-2 中可以看出，产值在 2013 年达到顶峰后，近两年持续下降。说明辽宁省在发展海洋第一产业时存在一些问题，如海洋生态环境是否遭受破坏，捕捞养殖业是粗放型还是集约型等。在今后的工作中，应注意引导第一产业逐步缩小，做精做强，向节约化农业转型。

6.1.3.2 海洋第二产业经济发展情况

由表 6-4 第二产业数据可以发现，第二产业增长缓慢，在 2012 年、2015 年出现下滑，发展缓慢。第二产业的发展面临困难较大。

第二产业是辽宁省的重要产业，是重要战略性产业。在整个辽宁省制造业构成中，作为主力的海洋工程装备制造业、涉海原材料制造业等产业在经济转轨过程中都面临较大的困难与挑战。首先，产能过剩背景下，辽宁省海洋第二产业面临双重竞争压力。工业是国家战略发展的重要组成部分，制造业是国家竞争力和经济可持续发展的重要保障，海洋第二产业作为新兴经济体，应发挥自身的优势。其次，传统产业比重过大，新兴产业发展不充分。

其中海洋船舶工业在复杂的外部环境下，应加速淘汰落后产能后，转型升级，其面临的形势仍较为严峻。由于海运市场的低迷，导致新造船市场需求明显低于预期水平，与此相比，中国造船业的国际市场占有率明显下降，行业经济效益有下滑趋势，行业发展面临巨大挑战。辽宁省应最大限度发挥科技导向作用，在技术等方面锐意进取，争取新的成果，增强整体实力，巩固造船强省地位。

6.1.3.3 海洋第三产业经济发展情况

由表 6-4 可以看出，海洋第三产业的产值是在波动中上升的。第三产业是考察地区发达程度的重要标准之一，辽宁省第三产业的比重为 53.51%，还有进一步扩大的空间。

辽宁省第三产业发展态势良好。辽宁省海洋经济产业正在逐步建立完善，其产业结构正朝着第三产业为重心的方向发展，但是与其他沿海省份相比，辽宁省海洋产业结构还有进一步优化的空间。

海洋旅游业作为海洋第三产业的重要部分，不仅是辽宁省旅游业的重要组成部分，也是辽宁省海洋经济的重要组成部分。其作为一个具有良好的竞争力的成熟行业，规模正在逐步增大，但因为各市旅游项目有重叠，结构优势不明显，在旅游业竞争日益激烈的情况下，应继续优化产业结构。

海洋科研教育管理服务业作为海洋经济新兴产业，是辽宁省海洋经济体系的重要组成部分，伴随其逐步发展，将逐渐成为辽宁省新的经济增长点。现阶段海洋科技技术效率较低，应注重通过提高技术转化率等方式提高海洋经济增长质量。海洋科技创新是海洋经济发展的有力保障及支撑，辽宁省在海洋专利授权及拥有专利总数上很有优势。这些优势既有助于海洋科技工作的顺利开展，又有助于科技人才的培养，是科技兴海战略的有力保障。

在资料准备阶段，辽宁省海洋科研教育管理服务业只找到总产值，其中各类的产业产值并未找到，导致海洋科研教育管理服务业的具体分析并未完成。其他类似海洋产业也只有一类产业总体数据，而所属的小类产业并没有具体数据值。

6.2 辽宁省海洋生产总值核算

6.2.1 主要海洋产业增加值核算

辽宁省主要海洋产业包括海洋渔业、海洋油气业、海洋矿业、海洋盐业、海洋船舶工业、海洋化工业、海洋生物医药业、海洋工程建筑业、海洋电力业、海水利用业、海洋交通运输业、滨海旅游业。其中，海洋渔业又包括海水养殖、捕捞、渔业服务以及水产品加工四类。其中海洋水产品加工业增加值以及海洋工程建筑业采用行业剥离法，海洋渔业增加值、海洋油气业增加值、海洋盐业增加值、海洋船舶工业增加值、海洋化工业增加值、海洋药物和生物制药品增加值、海洋交通运输业增加值、海洋旅游业增加值均采用增加值率法核算。最终核算结果如表 6-7。

表6-7 2015年辽宁省主要海洋产业增加值核算结果

单位：万元

	大连	丹东	葫芦岛	盘锦	锦州	营口	辽宁
主要海洋产业增加值	10 729 003.02	2 551 784	1 201 289.384	1 381 410.478	747 405.364 7	2453 482.773	19 064 375.02
海洋渔业增加值	3 711 779	802 300	174 565	447 188	307 737	414 613	5 858 182
海洋水产品加工业增加值	24 983.181 66	—	8 748.885 216	—	447.552 858 9	281.857 384 6	34 461.477 11
海洋油气业增加值	—		—	71 200	293 480	—	364 680
海洋矿业增加值	—					—	0
海洋盐业增加值	16 782	196	30	1 100		3 689	21 797
海洋船舶工业增加值	1 526 000		265 091	9 000		772	1 800 863
海洋化工业增加值	16 085	—	17 029			44	33 158
海洋药物和生物制品业增加值	11 650.1	—	—	—		—	11 650.1
海洋工程建筑业增加值	31 423.742 52	—	1 781.499 104	1 324.478 21	9 640.811 825	21 020.915 26	65 191.446 92
海水利用业增加值	50 000	11 688	—	—	—	—	61 688
海洋交通运输业增加值	322 800	240 000	—1 956	150 850	60 500	735 862	1 508 056
海洋旅游业增加值	5 017 500	1 497 600	736 000	700 748	75 600	1 277 200	9 304 648

6.2.2 海洋科研教育管理服务业增加值核算

海洋科研教育管理服务业增加值核算包括海洋信息服务业、海洋环境监测预报服务、海洋保险与社会保障业、海洋科学研究、海洋技术服务业、海洋地质勘查业、海洋环境保护业、海洋教育、海洋管理、海洋社会团体与国际组织所有产业增加值之和，均采用行业剥离系数法进行核算，核算结果如表 6-8。

表6-8 2015年辽宁省海洋科研教育管理服务业增加值核算结果

单位：万元

	大连	丹东	葫芦岛	盘锦	锦州	营口	辽宁
海洋科研教育管理服务业增加值	369 960.083 5	25 965.530 52	18 986.111 41	14 290.832 63	23 200.017 98	7 292.961 641	459 695.537 7
海洋科学研究增加值	6 147.144 331	355.514 764	142.726 491 2	1 531.935 129	261.532 164 1	117.444 919 5	8 556.297 799
海洋教育增加值	14 168.026 16	524.086 656 3	2 641.293 415	863.915 700 8	2 311.756 818	1 356.023 28	21 865.102 03
海洋管理增加值	1 390.888 422	162.853 439 4	107.674 391 2	4 444.210 753	180.539 606 4	187.498 055 5	6 473.664 667
海洋技术服务业增加值	3 319.497 326	48.487 116 62	76.177 894 72	1 243.186 33	146.438 340 1	61.802 816 78	4 895.589 825
海洋信息服务业增加值	40 309.145 32	5 397.397 728	1 932.387 29	578.607 185 9	1 709.887 552	2 249.151 219	52 176.576 3
涉海金融服务业增加值	304 621.491 5	19 477.007 85	14 084.471 35	5 601.490 032	18 588.194 06	3 320.984 372	365 693.639 2
海洋地质勘查业增加值	—	—	—	—	—	0	0
海洋环境监测预报减灾服务增加值	—	—	—	—	—	0	0
海洋生态环境保护增加值	3.890 436 034	0.182 967 52	1.380 575 834	27.487 500 14	1.669 443 898	0.056 978 896	34.667 902 32
海洋社会团体与国际组织增加值	—	0	—	—	—	—	0

6.2.3 海洋相关产业增加值核算

海洋相关产业增加值核算包括海洋农林业、海洋设备制造业、涉海产品及材料制造业、涉海建筑与安装业、海洋批发业、海洋零售业、涉海服务业所有产业增加值之和。其中，海洋农、林业增加值的计算采用增加值率法；海洋设备制造业增加值、海洋仪器制造业增加值、海洋产品再加工业增加值、海洋原材料制造业增加值的计算依据海洋及相关产业与《国民经济行业分类》（GB/T4754—2011）分类，然后采用增加值率法进行增加值的核算；涉海建筑与安装业增加值、海洋批发业增加值、海洋零售业、涉海服务业增加值的计算采用行业剥离法，核算结果如表6-9。

表6-9 2015年辽宁省海洋相关产业增加值核算结果

单位：万元

	大连	丹东	葫芦岛	盘锦	锦州	营口	辽宁
海洋相关产业增加值	6 783 441.12	737 974.433 4	1 353 477.003	3 735 226.782	2 877 087.34	3 290 681.044	18 777 887.72
海洋农、林业增加值	659 279.192 2	356 320.814 6	258 783.261 7	250 533.881 5	557 577.928 3	261 547.376 7	2 344 042.455
涉海设备制造业增加值	1 858 326.077	88 721.748 17	118 878.769 5	138 389.146 5	166 631.766 5	240 203.796 8	2 611 151.304
海洋仪器制造增加值	37 601.912 1	5 885.468 617	1 714.082 588	24 820.101 96	4 110.037 836	25 058.822 74	99 190.425 84
涉海产品再加工业增加值	2 643 072.099	49 316.168 07	819 224.347	2 985 955.041	1 499 367.291	1 630 219.418	9 627 154.365
涉海原材料制造增加值	689 484.278 7	84 527.506 17	63 813.866 36	75 570.379 25	480 396.515 4	911 548.724 6	2 305 341.27
海洋新材料制造业增加值	242 139.197 8	9 741.465 297	196 40.529 66	143 911.049 9	80 543.997 28	90 565.853 94	586 542.093 9
涉海建筑与安装增加值	372 723.712 5	91 620.566 67	41 896.309 22	84 730.596 02	51 458.935 38	97 220.265 46	739 650.385 2
海洋产品批发增加值	161 676.731 6	20 366.968 25	3 050.031 205	1 808.503 946	6 241.009 582	17 574.587 91	210 717.832 5
海洋产品零售增加值	53 602.975 29	9 693.992 109	24 890.498 2	8 775.625 767	23 680.871 13	11 362.366 82	132 006.329 3
涉海服务增加值	65 534.944 73	21 779.735 4	1 585.307 599	20 732.455 44	7 078.987 735	5 379.831 386	122 091.262 3

6.2.4 核算结果与分析

结合本节 6.2.1 ～ 6.2.3 的相关内容，获得辽宁海洋生产总值核算结果如表 6-10。

表6-10 2015年辽宁省海洋生产总值核算结果

单位：万元

	大连	丹东	葫芦岛	盘锦	锦州	营口	辽宁
海洋生产总值	17 882 404.23	3 315 723.964	2 573 752.499	5 130 928.093	3 647 692.723	5 751 456.779	38 301 958.29
主要海洋产业增加值	10 729 003.02	2 551 784	1 201 289.384	1 381 410.478	747 405.364 7	2 453 482.773	19 064 375.02
海洋科研教育管理服务业增加值	369 960.083 5	25 965.530 52	18 986.111 41	14 290.832 63	23 200.017 98	7 292.961 641	459 695.537 7
海洋相关产业增加值	6 783 441.12	737 974.433 4	1 353 477.003	3 735 226.782	2 877 087.34	3 290 681.044	18 777 887.72
海洋第一产业占比重	15.5%	24.4%	15.6%	10.6%	20.9%	9.4%	15.2%
海洋第二产业占比重	43.4%	17.2%	53.2%	70.4%	72.5%	54%	51.6%
海洋第三产业占比重	37.1%	58.4%	31.2%	19%	6.6%	36.6%	33.2%

经过初步核算，2015 年辽宁省海洋生产总值为 3 830.2 亿元，占全省地区生产总值的 13.36%，主要海洋产业增加值为 1 906.4 亿元，海洋科研教育管理服务业为 46 亿元，海洋相关产业为 1 877.8 亿元。其中，大连市海洋生产总值为 1 788.2 亿元，占全省海洋总产值的比重为 47%；丹东市海洋生产总值 331.6 亿元，占全省海洋总产值的比重为 9%；葫芦岛市海洋生产总值为 257.4 亿元，占全省海洋总产值的比重为 7%；盘锦市海洋生产总值为 513.1 亿元，占全省海洋总产值的比重为 13%；锦州市海洋生产总值为 364.8 亿元，占全省海洋总产值的比重为 10%；营口市海洋生产总值为 575.1 亿元，占全省海洋总产值的比重为 14%。辽宁省初步核算海洋三次产业结构为 15.2：51.6：33.2，大连市三次产业结构为 15.5：47.4：37.1，丹东市三次产业结构为 24.4：17.2：58.4，葫芦岛市三次产业结构为 15.6：53.2：31.2，盘锦市三次产业结构为 10.6：70.4：19，锦州市三次产业结构为 20.9：72.5：6.6，营口市三次产业结构为 9.4：54：36.6。总体来看辽宁省第二产业占总体比重较高，海洋产业结构亟待优化。分地区来看丹东市的产业结构比锦州市更为合理，锦州市第二产业比重最高，产业结构需优化升级。

根据核算结果，2015 年辽宁省主要海洋产业增加值为 1 906.4 亿元，海洋科研教育管理服务业增加值为 46 亿元；海洋相关产业增加值为 1 877.8 亿元。主要海洋产业和海洋相关产业在海洋生产总值中所占比重较大，达到了 98.8%；而海洋科研教育管理服务业所占比重则较小，仅占海洋生产总值的 1.2% 左右。从结构上来看，葫芦岛市、盘锦市、锦州市及营口市海洋相关产业增加值占比最高，分别占各地区海洋生产总值的 52.6%、72.8%、78.9% 和 57.2%，其次为主要海洋产业增加值，分别占各地区海洋生产总值的 46.7%、26.9%、20.5% 和 42.7%，海洋科研教育管理服务业增加值较低，仅占地区海洋生产总值的 0.7%、0.3%、1.1% 和 0.1%。大连市和丹东市海洋产业结构与其他区域不同，其主要海洋产业增加值最高，为 60% 和 77%，其次为海洋相关产业增加值，为 38% 和 22.2%，海洋科研教育管理服务业增加值较低，为 2% 和 0.8%。

（1）主要海洋产业

全省海洋渔业的增加值为 585.8 亿元，其中大连市为 371.2 亿元，占全省海洋渔业增加值的 63.4%，说明海洋渔业主要集中在大连市；全省海洋交通运输业增加值为 150.8 亿元，其中营口市为 73.6 亿元，占全省海洋交通运输业增加值的 48.8%，说明海洋交通运输业主要集中在营口市；全省海洋旅游业增加值为 930.4 亿元，其中大连市为 501.7 亿元，占全省海洋旅游业增加值的 53.9%，说明海洋旅游业主要集中在大连市。

（2）海洋科研教育管理服务业

全省海洋教育增加值为 21 865.1 万元，其中大连市为 14 168 万元，占全省海洋教育增加值的 64.8%，说明大连市的海洋教育发展情况较好；全省海洋信息服务业增加值为 52 176.6 万元，其中大连市为 40 309.1 万元，占全省海洋信息服务业增加值的 77.3%，说明海洋信息服务业主要集中在大连市；全省涉海金融服务业增加值为 365 693.6 万元，其中大连市为 304 621.5 万元，占全省涉海金融服务业增加值的 83.3%，说明大连市在沿海六市中涉海金融服务业发展情况最好。

（3）海洋相关产业

全省海洋农、林业增加值为 234.4 亿元，其中大连市为 65.9 亿元，锦州市为 55.8 亿元，分别占全省海洋农、林业增加值的 28.1%、23.8%，说明沿海六市的海洋农、林业发展情况较为平均，其中大连市和锦州市的发展情况最好；全省涉海设备制造业增加值为 261.1 亿元，其中大连市为 185.8 亿元，占全省涉海设备制造业增加值的 71.2%，说明大连的涉海设备制造业发展水平较高；全省涉海产品再加工业增加值为 962.7 亿元，其中盘锦市为 298.6 亿元，大连市为 264.3 亿元，分别占全省涉海产品再加工业增加值的 31%、27.5%，说明沿海六市的涉海产品再加工业的发展水平较为平均，其中以盘锦市和大连市的发展水平最高；全省涉海原材料制造增加值为 230.5 亿元，其中营口市为 91.2 亿元，说明营口市的涉海原材料制造业发展情况较好。

6.3 辽宁省海洋资源成本核算

6.3.1 辽宁省海洋资源耗减实物量核算

海洋资源耗减实物量核算主要是指对由各种海洋经济活动和现象所造成的资源消耗流量进行的核算，海洋资源分类核算主要是指对海洋渔业资源、海洋油气资源、海洋矿业资源以及海域资源等海洋经济活动直接（一次）开发利用资源进行的核算。

随着社会经济的发展，内陆自然资源已经不能满足人们的生产和生活需要，因此，人们将目光转移到海洋，开始大规模开发海洋资源。近年来，辽宁省海洋资源开发的规模和强度不断加大，产生了巨大的经济效益，但同时，也造成了海洋资源的大量消耗。根据《中国海洋统计年鉴 2016》统计，2015 年，辽宁省海水水产品产量达 432 万吨，其中海洋捕捞产量为 110.8 万吨，海水养殖产量为 294.2 万吨，远洋捕捞产量为 27 万吨；海洋原油产量达 52.99 万吨，海洋天然气产量达 1991 万 m³。对于这些海洋资源而言，其产量近似于对这些资源的消耗量，因此，在此将其作为 2015 年辽宁省海洋资源消耗的实物量进行核算。

另外，根据国家海洋局海域管理司《海域使用统计数据》的统计可知，2015 年，辽宁省城镇建设用海与工程项目建设用海 1760 hm²，围垦用海 381 hm²，这三种围填海不仅造成了辽宁省海域的减少，也造成了海洋资源的永久消耗，因此应将其作为辽宁省海洋资源的耗减。

6.3.2 辽宁省海洋资源耗减价值量核算

近年来，辽宁省在海洋资源开发利用方面取得了很大进展，海洋经济、沿海地区社会经济发展很快，同时，也造成了资源乱占用、过度开发，引起资源衰退、海洋环境恶化等一系列问题，为了实现海洋资源的可持续利用，必须对海洋资源进行定价、确权。对辽宁省海洋资源耗减价值量进行核算，可以确切反映当年海洋经济发展中海洋资源的贡献以及海洋生产总值中海洋资源耗减所形成的价值，更加合理地表达我国海洋经济总量的发展情况。

（1）海洋渔业资源消耗成本核算

海洋渔业资源包括海洋自然渔业资源和人工养殖两部分，本文主要针对自然存在的海洋渔业资源进行核算，并且是对超过其自然繁殖量的过度捕捞渔业资源进行核算。根据《辽宁统计年鉴 2016》可知，2015 年辽宁省海洋水产品产值为 585.8 亿元，天然海洋渔业捕捞量为 110.8 万吨。根据农业农村部规定，我国管辖海域渔业资源最大捕捞量为 900 万吨，即可将其作为我国海洋渔业资源的自然繁殖量，即安全捕捞量。根据辽宁的海域面积可知辽宁安全捕捞量为 29 万吨。并据统计，2015 年，辽宁省海洋渔业远洋捕捞量为 27 万吨；

经计算可知,影响辽宁海洋渔业可持续发展的渔业资源过度捕捞量占总产量的 18.94%。因此将辽宁海洋渔业捕捞产业增加值统计数据进行分离(暂时无法获得我国海洋渔业捕捞成本,因此对此部分暂不考虑),可得 2015 年辽宁海域海洋渔业资源耗减成本为 110.92 亿元。在此,不用海洋经济核算数据是因为海洋经济核算数据包含了渔业相关产业的产值,而应用海洋统计数据,可以获得更确切的海洋资源消耗的价值。

(2)海洋油气资源消耗成本核算

由于我国海洋经济统计的不足,在工业运营效率方面的统计的欠缺,在此通过《海洋及相关产业分类》海洋方面的国家标准与《国民经济行业分类》(GB/T4754—2002)进行对比,确定海洋油气业在《国民经济行业分类》对应的行业,对各海洋产业计算成本过程中,直接应用前述公式进行计算有相当困难,因此借鉴《辽宁统计年鉴 2016》中"按行业分大中型工业企业主要指标"的相关数据,获得辽宁省 2015 年油气开采业运营情况的相关数据,应用国民经济相关行业的营运成本进行替代,作为辽宁省海洋产业的营运成本,对辽宁省海洋油气也耗减成本进行初步核算,辽宁省油气开采业运营情况见表 6-11。

表6-11 油气开采业运营情况表

单位:亿元

项目	工业总产值	主营业务收入	主营业务成本	主营业务税金及附加
石油与天然气开采业	204.88	199.04	225.69	9.25

根据前述公式思想,首先对海洋油气业成本进行核算,针对辽宁省国民经济行业统计的实际,在此进一步简化方法,即将油气开采业企业的主营业务成本、主营业务税金及附加作为油气开采业的总开采成本,将其与油气开采业总产值相除,所获得的比例作为辽宁省海洋油气开采业的成本产值比,因此对辽宁省海洋油气业资源的成本进行初步核算,由上可知辽宁省油气开采业成本产值比为 47.21%。

所以,我国海洋油气资源的价值应为:

15.1 × (1-47.21%)=7.97(亿元)

(3)围填海造成海域资源减少的损失

根据国家海洋局海域管理司《海域使用统计数据》的统计可知,2015 年,我国城镇建设用海征收海域使用金和工程项目建设用海征收海域使用金 1 793.07 万元,围垦用海征收海域使用金 388.12 万元,因此 2004 年由于围填海造成海域资源减少的损失成本为 2 181.19 万元。

（4）海洋资源成本核算

海洋资源成本计算公式为：

海洋资源成本 =∑ 消耗资源价值 × 资源使用量（消耗量）+ 围填海造成海域面积减少的价值

将上述各种海洋资源消耗成本相加，就是我国辽宁省 2015 年海洋资源的耗减成本：

$$110.92+7.97+0.22=119.11（亿元）$$

即 2015 年辽宁省海洋资源成本为 119.11 亿元，占海洋生产总值的 3.11%。

将辽宁省海洋资源成本按照沿海六市海洋 GDP 所占辽宁省总海洋 GDP 的比重这一系数进行剥离，得到沿海六市的海洋资源成本如表 6-12 所示。

表6-12　沿海六市海洋资源成本

单位：亿元

地区	海洋资源成本
大连	55.98
丹东	10.72
葫芦岛	8.34
盘锦	15.48
锦州	11.91
营口	16.68
合计	119.11

6.4 辽宁省海洋环境成本核算

6.4.1 辽宁省海洋环境污染实物量核算

辽宁省海洋产业的环境污染实物量核算，主要是按照不同的污染物类别，建立实物量账户，账户涵盖与经济活动对应的各污染物的产生量、处理量、排放量等。与江苏省海洋产业相关的环境污染主要有水、大气和固废污染，可通过建立对应的实物核算表进行核算。

6.4.1.1 废水实物量核算

在国家和地方海洋行政主管部门组织下，各级海洋环境监测机构对我国管辖海域的海洋环境质量状况开展了全面监测，新增了沿岸排污口污染物排海监测和贻贝监测，继续加强了河流污染物入海、海水增养殖区、海洋保护区、海水浴场、倾倒区和油气区等海洋功能区的监测力度。其监测数据可作为海洋环境污染的实物量核算内容。

2015 年，辽宁省近岸海域水质以优良为主，一、二类海水面积之和占监测总面积的 94.7%，其中，一类海水面积占 31.3%，二类面积占 63.49%，三类和四类海水面积分别占 2.1%、3.2%，无劣四类海水。四类海水主要集中在盘锦全海域及营口大辽河口附近海域。按点位进行评价，符合或优于《海水水质标准》（GB3097—1997）二类标准的点位占 78.6%，三类点位占 17.8%，四类点位占 3.6%。三类海水分布在锦州大凌河入海口及港口区、盘锦辽河入海口及功能区外环境质量点位和大连湾附近海域；四类海水分布在大辽河口附近海域，主要污染指标为无机氮。这些海洋环境污染指标正如前面分析，属于具有累计性和潜伏期的流动性指标，对于这些指标进行年度分摊十分困难，即无法确定 2015 年海洋环境污染的新增情况。

对海洋环境新增污染物进行核算，主要包括污水、营养物质、合成的有机化合物、沉积物、垃圾和塑料、重金属、放射性物质等。从世界范围看，目前污染海洋的物质主要来源于陆地，主要通入海河口携带污染物入海和沿海地区排污口排放的废水、废物等；少部分来源于海运和海上倾倒的生产、生活垃圾，海上倾倒主要是指海洋石油勘探平台生产生活垃圾的倾倒。辽宁省共完成大连、锦州、营口和葫芦岛等 6 个沿海城市 34 个直排海污染源排污口的例行监测工作。共有 8 个直排海污染源（9 个排污口）超标，超标项目包括化学需氧量、五日生化需氧量、悬浮物、总磷、氨氮、总氮、石油类、总铜和硫化物。2015 年全省直排海污染源排放超标情况如表 6-13。

表6-13 2015年辽宁省直排海污染源排放超标情况

城市	排污口名称	超标项目（超标倍数）	超标次数
大连	市政排污口（D13）	一季度：COD（7.1）、BOD5（11.2）、SS（9.0）、氨氮（2.4）、总氮（2.9）、总磷（7.8）	4
		二季度：COD（4.8）、BOD5（7.4）、SS（4.3）、氨氮（2.2）、总氮（1.3）、总磷（6.2）	
		三季度：COD（6.1）、BOD5（8.4）、SS（8.4）、氨氮（5.7）、总氮（4.9）、总磷（9.2）、石油类（0.8）	
		四季度：COD（6.5）、BOD5（9.5）、SS（6.6）、氨氮（2.6）、总氮（6.1）、总磷（12.0）	
	市政排污口（D36）	一季度：COD（0.03）、SS（4.5）、氨氮（0.6）、总氮（0.3）、总磷（2.3） 4	4
		二季度：COD（1.4）、BOD5（2.2）、SS（5.0）、氨氮（0.5）、总氮（0.5）、总磷（3.7）	
		三季度：COD（1.8）、BOD5（2.4）、SS（0.5）、氨氮（0.8）、总氮（0.4）、总磷（2.7）	
		四季度：氨氮（3.6）、总氮（1.6）、总磷（5.8）	

城市	排污口名称	超标项目（超标倍数）		超标次数
大连	市政排污口（D43）	一季度：SS（0.02）		4
		二季度：SS（0.8）		
		三季度：SS（1.0）		
		四季度：SS（0.6）		
	市政排污口（D51）	一季度：COD（5.1）、BOD5（8.2）、SS（10.8）、氨氮（0.8）、总氮（1.3）、总磷（6.1）		4
		二季度：COD（10.9）、BOD5（14.7）、SS（20.8）、氨氮（4.8）、总氮（3.6）、总磷（8.7）		
		三季度：COD（1.6）、BOD5（2.3）、SS（1.6）、氨氮（0.4）、总氮（0.1）、总磷（2.1）		
		四季度：COD（2.9）、BOD5（2.6）、氨氮（2.0）、总氮（0.8）、总磷（2.4）		
	市政排污口（N05）	二季度：COD（0.6）、BOD5（0.7）		2
		三季度：COD（1.3）、BOD5（1.2）、SS（2.1）、总磷（0.3）		
	大连东泰夏家河水务有限公司	三季度：氨氮（1.7）、总磷（0.4）		1
锦州	锦州葫芦岛界河	一季度：COD（3.0）、BOD5（3.1）、SS（1.5）、氨氮（15.6）、总氮（8.9）		4
		二季度：COD（1.4）、BOD5（1.8）、SS（1.8）、氨氮（6.0）、总氮（4.5）		
		三季度：氨氮（4.9）、总氮（23.8）、总铜（0.6）		
		四季度：COD（2.5）、BOD5（9.2）、氨氮（15.0）、总氮（18.1）		
	开发区市政排污口	一季度：COD（0.8）、BOD5（0.8）、SS（2.2）、氨氮（1.0）、总氮（0.1）、总磷（3.4）		4
		二季度：COD（2.2）、氨氮（2.5）、SS（2.0）、氨氮（1.4）、总氮（0.4）、总磷（0.8）		
		三季度：COD（0.5）、BOD5（0.9）、氨氮（1.7）、总氮（0.7）、总磷（3.1）		
		四季度：COD（0.5）、BOD5（3.6）、氨氮（2.0）、总氮（1.0）、总磷（1.9）		

城市	排污口名称	超标项目（超标倍数）	超标次数
锦州	开发区市政排污口	一季度：COD（1.0）、BOD5（1.1）、SS（2.5）、氨氮（1.8）、总氮（0.7）、总磷（5.4） 二季度：COD（2.2）、BOD5（2.7）、SS（2.2）、氨氮（2.4）、总氮（1.0）、总磷（1.0） 三季度：COD（0.4）、BOD5（0.7）、氨氮（3.4）、总氮（1.7）、总磷（3.8）、硫化物（0.6） 四季度：COD（0.2）、BOD5（1.9）、氨氮（1.7）、总氮（0.9）、总磷（1.3）	4

本文对照相关核算范围及方法，结合已核算的辽宁省及沿海六市的海洋生产总值数据对辽宁省 2015 年统计年鉴中获得的数据进行剥离，其中 2015 年辽宁省海洋生产总值为 3 830.2 亿元，占全省地区生产总值的 13.36%。大连市海洋生产总值为 1 788.2 亿元，占全省海洋总产值的比重为 47%，计算后剥离系数为 0.062 8；丹东市海洋生产总值为 331.6 亿元，占全省海洋总产值的比重为 9%，计算后剥离系数为 0.012；葫芦岛市海洋生产总值为 257.4 亿元，占全省海洋总产值的比重为 7%，计算后剥离系数为 0.009 4；盘锦市海洋生产总值为 513.1 亿元，占全省海洋总产值的比重为 13%，计算后剥离系数为 0.017 3；锦州市海洋生产总值为 364.8 亿元，占全省海洋总产值的比重为 10%，计算后剥离系数为 0.013 4；营口市海洋生产总值为 575.1 亿元，占全省海洋总产值的比重为 14%，计算后剥离系数为 0.018 7。

结合相关公式和计算方法，2015 年对辽宁省海洋污染物的实物量核算如表 6-14。

表6-14 辽宁省废水污染实物量核算表

地区	COD（吨）	氨氮（吨）
大连	64 336	12 044
丹东	9 240	1 728
葫芦岛	7 185	1 344
盘锦	13 347	2 499
锦州	10 266	1 923
营口	14 373	2 691
合计	118 747	22 229

6.4.1.2 废气实物量核算

根据前文中中各市海洋生产值在各地区生产总值中的比重，结合相关公式中的核算方法，最终核算各地区废气实物量如表 6-15。

表6-15　辽宁省各地区废气污染实物量核算表

单位：吨

地区	二氧化硫排放量		氮氧化物排放量		烟（粉）尘排放量	
	总产生量	与海洋经济相关产生量	总产生量	与海洋经济相关产生量	总产生量	与海洋经济相关产生量
大连	95 796	22 158	83 524	19 319	54 112	12 516
丹东	32 721	11 017	16 209	5 458	28 820	9 704
葫芦岛	1 375	491	37 453	13 386	21 593	7 717
盘锦	977	399	22 840	9 326	15 334	6 261
锦州	928	255	14 523	3 991	40 391	11 099
营口	4 985	1 894	41 987	15 951	89 113	33 854

6.4.1.3 固废实物量核算

根据前文中各市海洋生产值在各地区生产总值中的比重,结合相关公式中的核算方法,最终核算各地区固废实物量如表 6-16。

表6-16　辽宁省各地区固废污染实物量核算表

单位：吨

地区	一般工业固体废物产生量		一般工业固体废物处置量		一般工业固体废物贮存量		一般工业固体废物综合利用量	
	总产生量	与海洋经济相关产生量	总产生量	与海洋经济相关产生量	总产生量	与海洋经济相关产生量	总产生量	与海洋经济相关产生量
大连	5 063 484	1 171 184	997 817	230 795	93 336	21 589	3 972 363	918 808
丹东	6 149 948	2 070 687	3 032 940	1 021 191	602 002	202 694	2 515 006	846 803
葫芦岛	4 764 205	1 702 727	149 616	53 473	1 231 502	440 139	4 513 983	1 613 298
盘锦	1 955 896	798 592	83 415	34 058	0	0	1 872 469	764 529
锦州	3 063 406	841 824	273 794	75 239	41 386	11 373	2 748 495	755 286
营口	7 817 050	2 969 697	18 970	7 207	724 681	275 306	7 073 404	2 687 186

6.4.2 辽宁省海洋环境污染价值量核算

环境污染价值量核算是指用货币形式将环境污染成本表现出来及对环境污染价值量进行核算。环境污染价值量核算包括核算实际治理成本以及虚拟治理成本。

《2015 年度辽宁省海洋环境质量公报》显示，2015 年城市环境空气按照《环境空气质量标准》（GB3095—2012）评价，全省城市环境空气质量达标天数比例平均为 71.5%，超标天数比例平均为 28.5%，其中重度以上污染天数比例为 4.0%。

本文运用成本费用替代法，即用处理废水、废气中污染物所需要的费用来计作废水、废气的环境污染价值。这种方法简便易行，但其结果只包含对水污染中 COD 及氨氮的处理费用，没有包含其他治理费用，因此导致废水、废气污染治理成本计算结果偏低，为废水、废气环境污染成本的最低值。

由于该地区统计资料有限，本文借鉴其他省市资料综合比较确定，处理废水中的化学需氧量、氨氮的价格为 2 600 元/吨、5 472 元/吨。

根据环境污染实物量核算可以得出，一般工业固体废弃物总产生量等于其综合利用量加贮存量加处理量。因此，一般工业固体废弃物的排放量为零。根据 2015 年环境统计资料，山东省废气中主要污染物是二氧化硫、氨氮、烟尘（粉尘）。本文借鉴《火电厂大气污染物排放标准编制说明》、张圣琼等其他省市资料及研究成果综合比较确定，处理废气中的二氧化硫、氨氮、烟尘（粉尘）的价格为 2 230 元/吨、3 005 元/吨、155 元/吨。

本文结合相关公式，同样从实际与虚拟治理两方面来计算固体废弃物引起的损失价值。参考国家统一标准和其他省市资料及研究成果，对工业固废单位治理成本确定如下：一般工业废物处置单位治理成本为 22 元/吨，贮存单位治理成本为 4.5 元/吨。

最终各类环境污染物价值量核算结果见表 6-18。

表6-18 辽宁省海洋环境污染价值量核算表

单位：万元

地区	海洋环境成本（万元）							
	污水处理成本	废气处理成本			固废处理成本			总计
		实际治理成本	虚拟治理成本	小计	实际治理成本	虚拟治理成本	小计	
大连	23 317.84	10 940.59	3 118.07	14 058.66	517.46	37.78	555.24	37 931.74
丹东	4 463.96	4 247.33	1 210.49	5 457.82	2 337.83	354.71	2 692.55	12 614.33
葫芦岛	3 471.4	4 251.60	1 211.71	5 463.31	315.70	770.24	1 085.95	10 020.66
盘锦	6 450.24	2 988.49	851.72	3 840.20	74.93	0.00	74.93	10 365.37
锦州	4 961.92	1 428.20	407.04	1 835.23	170.64	19.90	190.55	6 987.7

地区	海洋环境成本（万元）							
	污水处理成本	废气处理成本			固废处理成本			总计
		实际治理成本	虚拟治理成本	小计	实际治理成本	虚拟治理成本	小计	
营口	6 946	5 740.37	1 636.01	7 376.38	139.74	481.79	621.53	14 943.91
合计	49 611.36	29 596.58	8 435.04	38 031.6	3 556.3	1 664.42	5 220.75	92 863.71

6.4.3 辽宁省海洋环境成本核算结果分析

经过初步核算，2015 年辽宁省海洋环境成本为 92 863.71 万元。其中，废水处理成本最大，共 49 611.36 万元，占总成本的 53.4%，其次是废气处理成本，为 12 402.82 万元，占 41%，最少的环境污染成本是固废处理成本，为 5 220.75 万元，占 5.6%。

从 2015 年辽宁省海洋环境污染成本各区域分布比例来看，大连市海洋环境成本在沿海六市中排名最高，占全省的 40.8%；其次为营口市、丹东市和盘锦市，分别占全省的比重为 16.1%、13.6% 和 11.2%；葫芦岛市和锦州市的海洋环境成本最低，分别占全省的 10.8% 和 7.5%。

从 2015 年辽宁省各海洋环境成本构成来看，废水处理成本中占比最高的城市为大连市、营口市和盘锦市，分别占 47%、14% 和 13%；废气处理成本中占比最大的城市为大连市、营口市和葫芦岛市，分别占 37%、19.4% 和 14.4%，其次为丹东市、盘锦市和锦州市，分别占 14.3%、10.1% 和 4.8%；固废处理成本中，丹东市、葫芦岛市和营口市占比最高，分别占 51.6%、20.8% 和 11.9%。综合以上几项结果分析，可以看出，对海洋环境影响最大的污染因子为废水。

从 2015 年辽宁省各区域海洋环境成本构成来看，大连市、盘锦市和锦州市海洋环境成本占比最高的为废水处理成本，说明这三个城市在发展海洋经济的同时，需要更加注意废水的治理。而丹东市、葫芦岛市和营口市废气处理成本占比最高，需要加强对废气处理的治理。六个沿海城市中，相比较而言，锦州市废水治理成本占总海洋环境成本比重在沿海六市里最高，占 71%，废气和废水污染成本较低，占 29%，说明锦州市发展海洋经济带来的最主要的环境污染为废水污染。大连市环境污染成本中，废水处理成本最高，为 23 317.84 万元，占大连市环境污染成本的 61.5%，其次为废气处理成本，为 14 058.66 万元，占 37.1%，固废处理成本最低，仅 555.24 万元，占 1.5%。丹东市废气处理成本为 5 457.82 万元，占该地区环境污染成本的 43.3%，其次是废水处理成本，为 4 463.96 万元，占 35.4%，最低为固废处理成本，为 2 692.55 万元，占 21.3%。葫芦岛市废气处理成本为 5 463.31 万元，占海洋环境成本的 54.5%，其次为废水处理成本，为 3 471.4 万元，占 34.6%，而固废处理成本为 1 085.95 万元，仅占 10.8%。盘锦市海洋环境成本中，废水处理成本最高，为 6 450.24 万元，占 62.2%，其次是废气处理成本，为 3840.2 万元，占 37%，固废处理成本最低，为 74.93 万元，仅占 0.7%。营口市废水处理成本和废气处理成本占总海洋环境成本的比例相当，废气处理成本略高，占 49.4%，废水污染成本略低，为 46.5%，最低依然为固废处理成本。

6.5 辽宁省海洋生态系统服务价值核算

6.5.1 资源供给服务及价值

6.5.1.1 食品供给

食品供给包括了从海洋植物、动物及微生物中获得的各种食物产品，如鱼类、虾类、蟹类、贝类及可食用海藻等。辽宁近海海洋生态系统的食品供给服务价值主要来自近海捕捞和养殖的海产品（包括鱼类、甲壳类、贝类、藻类及其他海产品）的市场交易价值，以及海产品的加工商品化产值。依据《辽宁统计年鉴 2016》数据和 2015 年辽宁省渔业经济统计分析报告：2015 年辽宁省海洋捕捞和海水养殖产品产量总计为 424.4 万吨，其中远洋捕捞产品产量为 110.8 万吨，海洋渔业总产值达 585.82 亿元；2015 年辽宁省海水产品加工产值为 3.45 亿元。若从海洋渔业总产值中减去远洋捕捞产品的市场交易价值和用于加工的海产品的市场交易价值，扣除近海海洋渔业的生产成本（占近海海洋渔业总产值的 33.9%），再加上海产品的加工产值，则 2015 年辽宁省近海海洋生态系统的食品供给服务价值为 237.74 亿元。

6.5.1.2 原材料供给

原材料供给包括了海洋生态系统为人类间接提供的食物、日用品、装饰品、燃料、药物等生产性原材料及生物化学物质。辽宁省近海海洋生态系统的原材料供给服务主要有两个：一是作为生产原料出售的低质海带，按藻类总产量（25.4 万吨）的 8% 计算；二是作为育苗场附着基出售的干贝壳，按贝类总产量（158.6 万吨）的 10% 计算。贝类总湿重与干壳重的比例参考张继红等的测定数据，低质海带和干贝壳的市场价格参考张朝晖等的数据，则辽宁省近海海洋生态系统原材料供给服务的年价值为 0.32 亿元。

6.5.1.3 基因资源供给

基因资源由海洋生物自身所携带的基因和基因信息组成，与区域内的海洋生物物种数量直接相关。德格鲁特（De Groot）提出，单位面积生态系统提供基因资源的价值为（6～112）美元 /hm²·年。考虑到辽宁近海海洋生态系统地处温带，本文取其平均值（人民币汇率按 1 ：7.5 美元计算，下同）即 442.5 元 /hm²·年作为辽宁近海单位面积海域提供基因资源服务的价值。本文采用专家评估法，计算得出辽宁近海海域提供基因资源服务的年价值为15.48 亿元。

6.5.2 环境调节服务及价值

6.5.2.1 气候调节

气候调节服务是指海洋生态系统及各种生态过程如海洋生物泵作用通过对温室气体的吸收，达到对某一区域或全球的气候调节。辽宁近海海洋生态系统的气候调节服务主要来自海洋生物如藻类、贝类等对温室气体 CO_2 的固定，其价值可基于海域初级生产力，采用造林成本（多采用 260.90 元 / 吨）和碳税（多采用瑞典碳税 0.15 美元 /kg，折合人民币 1.125元 /kg）的平均值 692.95 元 / 吨来计算。渤海、北黄海的年平均初级生产力分别为 90g（c）/m^2·年和 68g（c）/m^2·年，则辽宁近海海域每年固碳 262.54 万吨，其产生的气候调节服务年价值为 18.19 亿元。

6.5.2.2 空气质量调节

空气质量调节服务主要指海洋生态系统对于稳定大气成分的贡献，以确保人类及其他生物不受到劣质空气的危害。辽宁近海海洋生态系统的空气质量调节服务主要来自海洋生物释放的有益气体 O_2，其价值可基于海域初级生产力，采用造林成本（多采用 352.9 元 / 吨）和工业制氧成本（多采用 0.4 元 / kg）的平均值 376.45 元 / 吨来计算。依据渤海、北黄海的年平均初级生产力，辽宁近海海域每年释放 $O_2$703.42 万吨，产生的空气质量调节服务年价值为 26.48 亿元。

6.5.2.3 水质净化调节

水质净化调节主要是指由海洋生态系统中的多种生态过程参与并完成的，对进入海洋生态系统的各种有害物质进行的分解还原、转化转移、吸收降解以及去除等。辽宁省近海海洋生态系统的水质净化调节服务主要表现为对进入近岸海域 N 和 P 的生物净化，以及对 COD 和石油烃的去除。其中对近岸海域 N 和 P 的生物净化价值可基于海洋生物吸收的N、P 数量，采用污染防治成本法来计算；对 COD 和石油烃的去除价值可基于一定海水水质标准下辽宁近海海域的 COD 和石油烃环境容量，采用污染防治成本法来计算。海洋生物在进行光合作用的同时，按照一定比例吸收 C、N 和 P。已知辽宁近海海域每年固碳262.54 万吨，根据雷德菲尔德（Redfield）比值修正值即可计算出辽宁近海海洋生态系统每年固定的 N 和 P 分别为 49.72 万吨和 6.87 万吨。按 N 为 1500 元 / 吨、P 为 2 500 元 / 吨的生活污水处理成本计算，则辽宁省近海海洋生态系统对近岸海域 N 和 P 的生物净化年价值为 9.18×10^8 元。根据环渤海地区以及辽宁省沿海地区"十三五"期间重点发展的产业类型，辽宁近海海域水质管理平均目标拟定为 3 类海水水质标准。在 3 类海水水质标准下，渤海海域 COD 环境容量为 9.50 吨 / km² · 年，石油烃环境容量为 2.19 吨 / km² · 年，以此为参数可估算出辽宁近海海域的 COD 环境容量为 33.24 万吨 / 年，石油烃环境容量为 7.66 万吨 / 年，参考我国 COD 去除成本为 4300 元 / 吨、石油类去除成本为 7 000 元 / 吨计算，则辽宁近海海洋生态系统对近岸海域 COD 和石油烃的去除年价值为 19.65 亿元。由此，辽宁近海海洋生态系统水质净化调节服务的年价值为 28.83 亿元。

6.5.2.4 有害生物与疾病的生物调节与控制

海洋生态系统有害生物与疾病的生物调节与控制服务主要是指海洋生物对一些有害生物与疾病的生物调节与控制。辽宁近海海域浮游动物、贝类对有毒藻类的摄食，以及海洋生态系统对病原生物的控制等过程，均可明显降低近海海域相关病害与灾害的发生概率。由于基础研究数据的缺乏，此项服务的价值采用专家评估法估算。科斯坦萨（Costanza）等人的研究成果显示，单位面积近海水域的生物控制服务价值为 38 美元 / hm² · 年，德格鲁特提出，单位面积生态系统生物控制服务的价值为（2 ～ 78）美元 / hm² · 年，中值为 40 美元 / hm² · 年。若取二者的平均值 39 美元 / hm² · 年，即 292.5 元 / hm² · 年作为辽宁近海单位面积海域提供生物控制服务的价值，则辽宁近海海域有害生物与疾病的生物调节与控制服务的年价值为 10.23 亿元。

6.5.2.5 干扰调节

干扰调节服务是指海洋生态系统对各种环境波动的包容、衰减及综合作用。辽宁近海海洋生态系统的干扰调节服务主要来源于海洋沼草群落及滩涂对海洋风暴潮等自然灾害的衰减作用，其价值可采用专家评估法进行估算。科斯坦萨等人的研究成果显示，单位面积近海水域的干扰调节服务价值为 88 美元 / hm² · 年，即 660 元 / hm² · 年，则辽宁近海海洋生态系统每年产生的干扰调节服务年价值为 23.09 亿元。

6.5.3 人文社会服务及价值

6.5.3.1 科研文化

科研文化服务是指由于海岸带和海洋生态系统的复杂性与多样性而产生和吸引的科学研究及其对人类知识体系的补充等贡献，以及海岸带和海洋生态系统满足人类精神需求、艺术创作和教育等的非商业性贡献。辽宁近海海域是中国纬度最高、水温最低的海域。其特殊的地理景观和生物多样性，河流入海口所孕育的集芦苇沼泽、碱蓬盐沼、滩涂、浅海水域及河口湾于一体的鸭绿江口滨海湿地和盘锦湿地，以及沿海区域社会、经济可持续发展与海洋资源承载、环境容量之间的平衡关系，海水养殖技术及管理等蕴含着巨大的科研价值和精神文化价值，可采用专家评估法进行估算。科斯坦萨等人的研究成果显示，单位面积近海水域的精神文化服务价值为 62 美元 / hm² · 年，即 465 元 / hm² · 年，则辽宁近海海洋生态系统每年产生的科研文化服务价值为 16.27 亿元。

6.5.3.2 旅游娱乐

旅游娱乐服务是指由海岸带和海洋生态系统所形成的独有景观和美学特征和进而产生的具有直接商业利用价值的贡献，如海洋生态旅游、渔家游和垂钓活动等。辽宁海岸类型多样，沿海岸线广布有丰富的天然海水浴场资源、滨海喀斯特地貌景观、海岛生态旅游资源和滨海湿地自然景观，具有巨大的滨海休闲旅游价值。辽宁省近海海洋生态系统的旅游娱乐服务价值可根据滨海城市旅游及娱乐的人数及费用支出来计量。据统计（表 6-18），2015 年辽宁省沿海 6 市共接待中外游客 18 493.43 万人次，其中入境游客 145.46 万人次，国内游客 1.83 亿人次，旅游总收入 74.56 亿元。考虑到海洋生态系统的旅游娱乐服务主要发生在海岸带及近岸水域，若将辽宁省沿海六市旅游总收入的 60% 计为休闲娱乐服务功能所产生的价值，则 2015 年辽宁近海海洋生态系统产生的旅游娱乐服务价值为 44.74 亿元。

表6-18　辽宁近海海洋生态系统旅游娱乐服务价值

	大连	丹东	葫芦岛	盘锦	锦州	营口	合计
入境旅游者人数（万人次）	98.46	12.09	4.31	11	12.1	7.5	145.46
旅游外汇收入（亿元）	32.15	5.11	1.43	5.92	6.85	3.92	55.38
国内旅游人数（万人次）	6 828.11	3 527.83	1 823.97	1 993.08	2 070.04	2 104.94	18 347.97
国内旅游收入（亿元）	9.77	3.08	1.44	1.62	1.46	1.81	19.18
旅游总人数（万人次）	6 926.57	3 539.92	1 828.28	2 004.08	2 082.14	2 112.44	18 493.43
旅游总收入（亿元）	41.92	8.19	2.87	7.54	8.31	5.73	74.56

注：旅游外汇收入按 1 美元 =6.23 元计算。

6.5.4 辽宁省海洋生态系统服务价值核算结果分析

统计数据表明（表 6-19，表 6-20），辽宁近海海洋生态系统服务的总价值为 431.6 亿元 / 年，相当于 2015 年辽宁省海洋 GDP（3830.2 亿元）的 11.27%。从所评价的三大类生态服务的价值量大小看，辽宁海洋生态系统的资源供给服务价值最大，占辽宁近海海洋生态系统总服务价值的 58.74%，其次为环境调节服务价值，占 27.12%，人文社会服务价值较小，占 14.14%；从所评价的 10 项生态服务的价值量大小看，依次为食品供给价值＞旅游娱乐价值＞水质净化调节价值＞空气质量调节价值＞干扰调节价值＞气体调节价值＞科研文化价值＞基因资源供给价值＞有害生物与疾病的生物调节与控制价值＞原材料供给价值。

表6-19 辽宁海洋生态系统服务价值

单位：亿元

生态服务类型		价值量	价值比例
资源供给	食品供给	237.74	55.08%
	原材料供给	0.32	0.07%
	基因资源供给	15.48	3.59%
	小计	253.54	58.74%
环境调节	气体调节	18.19	4.21%
	空气质量调节	26.48	6.14%
	水质净化调节	28.83	6.68%
	有害生物与疾病的	10.23	2.37%
	生物调节与控制	10.23	2.37%
	干扰调节	23.09	5.35%
	小计	117.05	27.12%
人文社会	科研文化	16.27	3.77%
	旅游娱乐	44.74	10.37%
	小计	61.01	14.14%
合计		—	431.6	100.00%

表6-20 各地区海洋生态系统服务价值

单位：亿元

地区	海洋生态系统服务价值
大连	202.85
丹东	38.84
葫芦岛	30.21
盘锦	56.11
锦州	43.16
营口	60.42
合计	431.60

6.6 辽宁省综合绿色海洋 GDP 核算

结合本章前几节核算内容，可以获得 2015 年辽宁省综合绿色海洋 GDP 最终核算结果如下表：

表6-21 辽宁省综合绿色海洋GDP核算结果

单位：亿元

地区	辽宁省海洋GDP 核算	海洋资源成本核算	海洋环境成本核算	海洋生态系统服务价值核算	辽宁省综合绿色海洋GDP 核算
大连	1 788.24	55.98	3.79	202.85	1 931.32
丹东	331.57	10.72	1.26	38.84	358.43
葫芦岛	257.38	8.34	1	30.21	278.25
盘锦	513.09	15.48	1.04	56.11	552.68
锦州	364.77	11.91	0.7	43.16	395.32
营口	575.15	16.68	1.5	60.42	617.39
合计	3 830.2	119.11	9.29	431.60	4 133.4

根据综合绿色海洋 GDP 核算模型公式，计算得出辽宁省 2015 年海洋 GDP 为 3 830.2 亿元，海洋资源成本为 119.11 亿元，海洋环境污染成本为 9.29 亿元，海洋生态系统服务价值为 431.6 亿元，最终获得辽宁省 2015 年综合绿色海洋 GDP 为 4 133.4 亿元。由于海洋经济发展过程污染产生较大的产业集中在第一、二产业，因此将环境成本与海洋生产总

值中第一、二产业的产值进行比较更能清晰地反映在海洋经济发展过程中造成的环境牺牲。经过核算得出，环境成本占海洋 GDP 总值中第一、二产业产值比重的 0.36%，扣除环境成本的第一、二产业产值为 2 550.78 亿元，占第一、二产业总产值的 99.64%。

在之前的研究中，国内学者王震对 2004 年中国绿色海洋生产总值进行核算，得出 2004 年我国经环境调整的海洋生产总值为 13 366.63 亿元，占我国海洋生产总值的 93.494%。李宜良对 2007 年广东省绿色海洋生产总值进行核算，得出广东省 2007 年的绿色海洋生产总值为 4 249.3 亿元，占广东省海洋生产总值的 93.75%。姜晓媛对 2012 年沿海城市大连市旅顺口区绿色 GDP 进行核算，得出旅顺口区 2012 年绿色海洋 GDP 占总 GDP 的 98.57%。本研究计算得到辽宁省绿色海洋生产总值（综合绿色海洋 GDP+ 海洋生态系统服务价值）占总海洋 GDP 的比重为 96.65%。由于海洋产业中第三产业产生污染较少，因此将第三产业去除，将环境成本与第一、二产业产值进行比较，得出扣除环境成本的海洋第一、二产业产值占原第一、第二产业总产值的比重为 99.64%。以上结果均比王震、李宜良及姜晓媛的研究结果高，表明辽宁省海洋经济发展已逐渐从高污染、高消耗、低效率的粗放型发展模式向低污染、低消耗、高效率的结构模式发展。

从分地区综合绿色海洋 GDP 核算成果来看，各区域的综合绿色海洋 GDP 都达到了较高的水平，说明各市在发展海洋经济的同时对污染破坏和生态破坏十分重视并采取了有效措施。将海洋 GDP 与综合绿色海洋 GDP 相除，得到的系数越大说明资源利用率和海洋生态治理情况越差，海洋生态效益越低；得到的系数越小说明资源利用率和海洋生态治理情况较好，海洋生态效益较高。其中，总海洋 GDP 占综合绿色海洋 GDP 比重最低的地区是锦州市，为 92.27%，其次是葫芦岛市，为 92.49%，丹东市排第三，为 92.50%，剩下依次是大连市、盘锦市和营口市，分别为 92.59%、92.84% 和 93.16%。以锦州市和大连市为例，锦州市的海洋 GDP 占综合绿色海洋 GDP 的比重在研究区域内最低，分析其原因，可以从锦州市海洋 GDP 排名第四看出，锦州市海洋经济发展水平较低，因此目前海洋环境造成的污染以及对海洋资源与生态环境造成的破坏正处于开始阶段，建议锦州市吸取其他地区的教训，把握海洋产业结构，加强对海洋产业排污环节的检测与监督，保证在今后的发展过程中不会对海洋环境与资源造成更大压力。大连市海洋 GDP 占综合绿色海洋 GDP 的比重较高，结合大连市海洋生产总值在沿海六市中排名第一可以看出，大连市发展海洋经济是以牺牲较多的资源生态环境换来的，在今后的发展中需要加强生态环境保护，对消耗资源环境较多的产业进行升级转型。

从辽宁省综合绿色海洋 GDP 核算数据可以得出，辽宁省国民海洋经济生产中的海洋资源成本和海洋环境成本，完整地体现了经济与环境资源的关系。同时也把生态效益纳入核算体系中，体现了海洋生态系统为人类社会和经济活动提供的福利，这些也属于社会拥有的财富。因此，综合绿色海洋 GDP 把经济活动和与之相关的环境以及生态效益有机联系起来，能客观地、公正地、真实地反映一个国家（地区）的社会财富、福利水平、整体经济规模和生产总能力。

第7章 综合绿色海洋经济发展对策建议

《中国海洋世纪议程》指出，海洋经济可持续发展的总目标，是不断开发海洋，发展海洋经济，推动科学的海洋开发体系，合理适度发展，形成海陆经济协同一体化的发展，同时为后代在社会、经济、资源环境方面创造长期有效的生存环境，即良性循环的海洋生态系统。要实现社会、海洋经济与资源环境之间的协调发展，涉及多部门、多行业、长时间等条件与要素，是一项极其复杂的系统性工程，需要科学合理的政策指引及全社会协调共同努力，形成海洋经济可持续发展的支持体系；同时转变经济发展方式，推动形成节约集约利用海洋资源和有效保护海洋生态环境的产业结构、增长方式和消费模式取代粗放型经济增长方式，使全社会形成文明海洋的意识。借鉴国内外资源环境与经济协调发展经验，不难发现优化资源配置、保护生态环境、发展循环经济和低碳绿色经济、转变经济增长方式和途径、计划生育提高国民素质都有利于改善经济与资源环境协调程度，进一步形成和促进可持续发展。综合绿色海洋经济的发展应该结合海洋自然环境的特殊性，结合沿海经济发展的特点，寻求适合自身可持续发展的途径。

7.1 经济角度

综合绿色海洋经济发展的目的是以经济手段解决经济问题，以经济手段调整海洋经济活动，实现海洋经济的健康发展，为经济的可持续发展提供行之有效的保障。

7.1.1 科学制定经济发展规划

海洋经济发展规划是实现沿海海洋经济可持续发展的重要依据，对相关部门和行为主体等有着重要的指导作用，是实现可持续发展战略的重要组成部分，是实施可持续发展的基础和阶梯。海洋经济规划制定应突出战略层面，具有宏观指导性、调控性、综合性与跨部门跨行业的特性，在考虑海洋的自然属性、遵循其发展规律、明确海洋功能区划的基础上结合经济发展状况及国家相关规划，确立海洋经济发展的指导原则并制定发展目标。同时，应清楚看到海洋经济发展中的机遇和挑战，正视和解决当前面临的海洋区域开发和海洋产业发展等问题，明确发展步骤和措施，细化海洋经济发展战略目标及任务，合理安排海洋经济项目的开发规模和布局。

参考海洋经济发展较快速的国家经验，不难发现在注重海洋经济发展的同时，应当兼顾环境资源的发展。以海洋经济可持续发展为原则，将海洋经济增长放在中心位置，海洋开发以沿岸陆域为依托，以海洋产业为主体，统筹陆海发展规划，建立海陆联动发展机制，深入实施科技兴海战略，建立科技促进海洋经济发展的长效机制，加快科技成果的转化，重点发展海洋开发实用技术，推动海洋新的可开发资源的研究与开发，明确海洋功能区划因地制宜的发展优势产业并大力调整海洋产业结构。同时应当充分考虑经济开发中遇到的环境问题，建立环境资源评价体系，借鉴经验论证资源环境可能出现的负面效应，权衡利弊构建合理的海洋经济发展规划，摒弃以环境破坏资源浪费的粗放型海洋开发方式，以合适的海洋经济发展规划作为长期指导。

海洋经济发展的本质是经济发展，那么在大力发展社会主义市场经济的今天，海洋经济也应当引入市场经济体制，并结合国家宏观调控，更好地使资源得到优化配置，调节资本生产力及生产技术，充分发展海洋市场经济。同社会经济发展相同，海洋经济要充分发展市场经济首先要建设开放的市场，完善市场秩序，鼓励多种所有制参与经济活动，创建良好的竞争环境同时降低行业的门槛搞活市场经济。为了海洋经济的持续发展，宏观调控要充分发挥其对国民经济的调节和控制作用，以政府为行为主体，以信贷、税收等经济手段结合法律和行政手段，主动地、目的明确地对资源进行配置。法律手段作为调控的保障，完善海洋经济相关法律法规，进行海洋经济活动做到有法可依，执行行政手段时要做到有法必依；多种手段相结合，从海洋生产活动中污染物的产生到污染物排放再到污染治理，各个环节要严格控制、严格执法；明确陆上生产活动向海洋倾倒收费制度，加大处罚力度；进行海洋环境容量调查，控制污染物排放总量，明确污染责任制，减少废弃物的海上倾倒与排放。

7.1.2 优化海洋产业分布

综合绿色海洋经济发展的重点就是根据地区实际情况，结合本地区的区位条件、自然资源、文化风俗、社会经济及自身优势等条件，合理地布局沿海产业。首先，根据国家海洋经济产业发展趋势及规划总体布局，明确本地区海洋经济产业规划布局及海洋功能区划，使之与全国海洋产业规划布局、海洋功能区划相一致，保证国家利益的同时促进和发展自身的海洋产业。

要协调地区内部各地之间海洋产业布局，促进区域经济一体化发展，避免区域性重复建设和恶性竞争；合理布局海洋产业与陆域产业，统筹陆海发展规划，建立海陆联动发展机制，互相支撑，借助陆域产业的资金、人才、市场和技术等条件支持海洋产业的发展；为了海洋经济的可持续发展，应当协调陆域产业向海洋的污染物排放，控制污染物排放量不能超出海洋的自净能力范围，共同维护好海洋的自然环境资源。沿海经济带各市结合地区工业生产特点、自然和人文环境等条件，海陆互动发展，形成分工明确结构合理的海洋产业布局。以"五点"开发为切入点,培育新的经济增长点,进一步提升沿海城市核心地位,实现相互间有机联系,形成核心突出、主轴拉动、两翼扩张的总体格局;推动沿海经济带发展,构建辽东半岛经济区、辽西海洋经济区和辽河三角洲海洋经济区,借助经济区带动和辐射作用发展海陆结合的沿海经济带;利用沿海经济带区位优势、资源腹地丰富、对外开放门户地位、大吨位港口陆上铁路与大型机场的交通条件及拥有高新技术高科技人才等优势,搞好临港经济及发展临港工业集群,承接发达地区产业"北上"转移,加快海洋经济第二、三产业发展,实现沿海经济带经济发展和对外开放;注重与同区的互动与交流,加快实现经济区"五点一线"发展战略,实现环渤海经济区工业产业的快速发展和环渤海线的建设。

海洋开发依据海洋功能区划,按照滨海、近海和远海梯次开发原则,建立海岸基本功能区及近海基本功能区。海岸功能区根据社会需求、自然条件及海域开发利用现状等又细分为港口航运区、渔业资源利用和养护区、海岸矿产与海水资源利用区、海岸旅游区、海洋海岸保护区、海岸工业和城镇区、海岸保留区。合理的海岸地区产业布局有利于促进海岸地带经济发展、满足社会主体需求及保护资源环境。近海功能区依据其自然资源、环境保护及经济发展需求等条件分为近海港口功能区、近海渔业资源利用和养护区、近海矿产与海水资源利用区、近海旅游区、近海海洋保护区、近海保留区,以海岛为支撑,将海岸地带作为依托,互动发展近海特色经济。综合绿色海洋经济的发展除了海岸及近海地区外,也可参与到深海开发中建设深海远洋捕捞,组织海洋救援保障渔民的基本安全,扩大远洋运输规模等参与到国家及国际航运市场中来。

7.1.3 合理调整产业结构

海洋经济第一产业是海洋渔业。传统的海洋渔业以捕捞业为主,而海水养殖业发展相对缓慢。积极推动海洋第一产业发展应做到:以市场需求为导向,提高海产品加工水平,发展高端产品及产品深加工,由粗放型生产向集约化生产转变;加大科技投入,通过新技术新手段科学发展的捕捞和养殖海产品,提高海水养殖技术,进一步发展水产养殖基地,实现海水养殖规模化;创新经营模式,集中各种社会资源开发建设一批集养殖、观赏、垂钓、餐饮、旅游、住宿和疗养等为一体的综合休闲渔业景区,逐步形成产业规模;强化渔船管理,控制近海捕捞,大力发展远洋渔业和过洋性渔业,加大公海捕捞比重提高国际竞争力。

积极推动海洋第二产业发展,以沿海经济带的海洋资源为基础,以陆域的高科技技术和人员为依托,建立海洋生物医药基地,把海洋生物工程、海洋功能保健食品、海洋生物制药、海洋生化制品、海洋环境污染修复技术作为优势产业来发展。第三产业以其产业独有优势,成为大力发展的对象,同样重视海洋经济第三产业发展,有助于提高经济效益,解决人口就业。滨海旅游业与海上交通运输也成为综合绿色海洋经济发展的重要支柱产业,经过"十一五"计划,第三产业所占比重明显加大,对综合绿色海洋经济发展做出了重要贡献。为了在现有基础上进一步加大第三产业所占比重,应大力加大海上交通运输和滨海旅游业的发展,扩大生产规模提高生产效益。海上交通运输也要以现有港口为基础,以大连港、营口港为中心,形成优势互补、区域分工合作、层次鲜明、功能全面的港口集群,大力发展现代化运输船队,以国内外市场为导向,发挥经济带区位优势,形成东北亚航运中心;突出海滨风光、历史文化和海洋特色,坚持适度超前发展,建设精品旅游线路,依托滨海大道建设,打造沿海地带海陆结合自然人文景观相衔接的国家级、世界级的特色东北亚旅游黄金海岸带。加大政策引导、增加建设投入、重视产品市场开拓和产品更新,把海洋旅游业发展成为综合绿色海洋 GDP 最具活力的产业之一。

7.1.4 建立完善海洋经济绿色核算体系

切实加强海洋综合绿色经济调查与核算的基础理论和统计方法研究工作,充实海洋综合绿色经济调查与核算的基础理论依据。目前,海洋综合绿色经济核算正在并将以不可阻挡的态势,逐步成为世界各国制定和实施可持续发展战略的重要依据。比如,挪威关于渔业等资源的核算,法国的海洋资产账户,美国关于环境防御支出数据的编辑等。因此,我国应紧跟世界国民经济核算体系改革的潮流,尽早建立国民经济核算新体系,开展海洋综合绿色经济核算,走在世界国民经济核算体系改革的前列。应逐步建立健全海洋综合绿色经济核算体系与制度,理论与实践并重。由于构建海洋综合绿色经济核算体系是一项巨大的工程,因此可以考虑将核算体系分拆成几部分,分别试点,逐渐完善。应支持科研机构的 GDP 核算研究,但在统计未完善之前不宜由政府出面公布。构建海洋综合绿色经济核算体系还应遵从动态性原则,即其诸多指标不是一成不变的,而是要经过反复的实践和研究加以确定,并随着经济形势和客观条件的变化对其进行修正,动态地反映可持续发展过程,继续加强政府对环境的管理。

加强基础研究,完善海洋综合绿色经济核算体系。海洋综合绿色 GDP 的核算特点决定了它需要比 GDP 核算更多的基础资料,而会计核算资料是进行国民经济核算重要的基础资料之一。完善环境统计制度,要反映经济发展过程中所消耗和利用的资源环境的真实代价,不仅需要对相关技术和方法进行深入研究,还需要众多部门基础统计调查数据的支持。目前一些重要环境指标的统计还不够完善,一些统计指标出现间隔发布的情况,而少数指标的内涵和统计范围则出现了变动,这就降低了绿色 GDP 的纵向可比性。另外一些重要指标还没有进行有效统计,这些都加大了核算难度,并且降低了环境损失核算的准确性。政府应尝试率先完善环境统计,切实完善各种基础数据的采集和汇总体系。因此,建立绿色会计核算体系,制定相应的绿色会计准则,完善各种环境法规,加强有关环境资源的财务信息确认、计量、账务处理和有关环境资源信息的披露,为可持续发展提供决策依据,是贯彻落实科学发展观的现实需求。同时还应完善海洋统计制度和标准。首先拓展统计范围，产业范围上加入新兴海洋产业、临港产业、海岛经济等内容，区域范围上从沿海地区先期拓展到各沿海城市，最终到达各沿海地带，统计内容上扩充海洋经济中的经营状况、投入产出、劳动、贸易、资源与能源消耗等类指标。其次提升统计频率，梳理海洋综合绿色GDP调查与核算指标体系，选择典型、重要且可行的指标，分门别类地提高海洋统计数据的时效性，从半年度、年度统计实现对海洋综合绿色经济运行的月度、季度、半年度、年度的统计。

提升信息化能力，推进海洋综合绿色经济调查数据库和平台的建设。海洋综合绿色经济调查数据库和平台包括调查成果数据库、专题数据库和海洋经济调查综合管理平台。调查成果数据库在调查工作数据库的基础上经加工整理形成综合指标，根据不同的用途，形成满足政府及公众需求的数据库，主要存放对外公开发布的产品数据，如海洋综合绿色经济地图、海洋综合绿色经济调查专题图集、涉海单位名录等。专题数据库用于存储专题调查的原始数据和工作过程数据。这些数据主要包括海洋工程项目基本情况、围填海规模情况、海洋防灾减灾情况、海洋节能减排情况、海洋科技创新情况、涉海企业融资情况、临海开发区情况以及海岛海洋经济情况等专题的调查指标数据。海洋经济调查综合管理平台包含的功能模块有调查底册管理、名录管理、归并合并、数据审核、数据汇总、数据抽查、数据管理、打印、任务管理、多维数据查询检索、专题图制作与显示、空间分析等。海洋综合绿色经济调查数据库和平台建设，不仅满足了海洋综合绿色经济基础的信息化需求，为海洋综合绿色经济宏观指导、调节、决策提供了信息服务和决策支持，还全方位提升了海洋综合绿色经济信息的监测能力。海洋综合绿色经济调查数据库和平台建设除增强统计数据的获取能力和优化获取方式之外，关键是加强了海洋综合绿色经济综合统计分析能力。

7.1.5 大力发展循环经济

循环经济以"低消耗、低排放、高效率"为基本特征，从资源利用的技术层面来看，主要是从资源的高效利用、循环利用和废弃物的无害化处理三条技术路径去实现。循环经济遵循"减量化、再利用、资源化"三原则。减量化原则是要求用尽可能少的原料和能源来完成既定的生产和消费的目标，即在经济活动的源头上就注意节约资源和减少污染；再利用原则要求生产的产品和包装物能够被反复使用；资源化原则要求产品在完成使用功能后能重新变成可以利用的资源，同时也要求生产过程中所产生的边角料、中间物料和其他一些物料也能返回到生产过程中或是另外加以利用。循环经济的实施需要相当高的经济生产成本，它的运行要求相当高水平的技术投资，并且以经济为着眼点，只有产出大于投入才有意义，没有经济效益的循环是难以为继的，同时兼顾环境效益、社会效益与经济效益协调发展，不可偏颇。

海洋循环经济是循环经济的组成部分，是以海洋资源的高效循环利用与海洋产业的循环发展为核心的。海洋循环经济与陆域循环经济相比有着自己的特点，如海洋循环经济是海陆复合系统，地域范围主要在沿海地区或海岸带，需要以陆域土地资源为支撑，并且海洋产业的产业链较短，形成循环链较困难。因此，海洋循环经济的发展要加强海陆之间的联系，互相依存，通过左右关联、上下延伸拓展产业链，最终形成海洋产业链条越来越长、网状结构越来越紧密的局面。

7.2 海洋环境角度

海洋资源和环境的开发利用程度及保护情况是评价海洋经济可持续发展的重要标准，而海洋资源环境的开发利用规划和相关保护法律法规是限制和规范主体行为的重要保证。

7.2.1 沿海地区海岸带保护

海岸带是指海洋和陆地交接、互相作用的地带，是潮间带（海涂）及其两侧一定范围的陆地和浅海的海陆过渡地带，被称为海洋第一经济带。海岸带生态系统受到多方面因素影响，陆域生活污水工业废水等路源污染物、海洋采油油轮海水养殖等海上污染物、有机物与赤潮等生物污染、大气污染都会冲击到海岸带的生态稳定。由于具有脆弱性与流动性，遭到破坏后恢复难度极大，因此在处理海岸带的环境问题上，一定要遵循生态经济学的规律和原则，按照海岸带海洋功能区划合理开发和利用，将海岸带开发程度控制在海岸带环境容量和自净能力承受范围之内。由于海岸带生态系统受到多重因素共同作用，关联性强，因此对海岸带的保护工作必须从整体考虑，综合规划、科学规划，统一部署、统一行动，从而保证海岸带区域生态环境得到有效保护。为了进一步落实主体功能区战略，国家编制《海岸带保护与利用规划》，旨在具体划定海岸带不同类型功能区，对各地区各部门在海岸带保护和利用方面实行最严格的管理和规范，促使沿海经济带人口经济合理布局，最终实现海岸带资源环境可持续发展。有些地区一味开发工业园区及旅游景点，使得大量滩涂被占，湿地面积迅速减少，生物多样性遭到破坏，因此，要正确处理养殖区、旅游区在海岸和滩涂区域所占比例和范围，严格按照规划划定区域开发海岸带。在海岸带区域内，适宜建设海港的岸线，适宜开发旅游资源的岸线，适宜建设国防设施的岸线以及功能区划和资源利用评价论证过程中有着较大争议地区应在规划过程中予以保留。为了实现综合绿色海洋 GDP 发展，海岸带功能区划要同城市规划、土地规划等相一致。任何对于海岸带资源进行开发利用的行为都必须符合海岸带总体规划的要求，执法及管理部门要按照有关法律、法规的规定严格执法，开发活动参与者要报经海洋管理部门审查批准，严格控制高耗水类、破坏生态环境类、开发程度超过资源承受能力类行业的发展，大力发展循环经济。在进行港口、公路、旅游等海岸工程建设时，尊重海洋自然规律，不可过量开采基石，使海岸物质失去动态平衡，引起海岸侵蚀倒退。禁止沿海渔民在休渔期捕捞及养殖时自原性污染潮间带。不科学的海岸带内地下水资源开采会引起海水倒灌，使得土地盐碱化，生产生活用水质量下降，因此地下水资源的开采必须经过地质矿产行政主管部门和海岸带行政主管部门核定批准，严禁过量开采。严格保护海岸带内的自然保护区和生态防护区，进一步开展海岸环境治理工作，恢复并改善海岸带生态环境。

7.2.2 污染物排放

海洋污染的来源主要是陆源性污染物，要控制污染物直排，如海洋企业的排污，就要对污染排放量和排放种类进行彻底调查。经过多年努力，我国已建立和完善了海洋监测网络体系，该体系能担负起趋势性和专项检测任务，对沿海各重点入海口及邻近海域生态环境和各一般入海排污口实施多项目、高频率的监测，以进一步分析陆域入海污染物对海洋环境的影响，并将相关数据提供给环保部门协同标本兼治。同时，传统污水排放重点行业，例如，造纸业、冶金、化工、纺织印染等，要及时淘汰落后产能，加大污染治理力度，开展清洁生产、循环经济等，把分散的排污企业向工业聚集区集中处理排放的污水。将海岸带功能区划为可排污区与不可排污区，禁止非排污区污水排放。沿海各港口的进出港作业、油轮客轮、海上采油平台等也是沿海地区污染来源。因此，客运货运船要加强生活垃圾处理，油轮及采油平台要减少石油泄漏，港口同样要增强船舶废弃物处理能力及对石油化工污染的处理能力。

在经济利益的驱动下，不少地区无序、无度甚至无偿盲目发展养殖业，大规模的围垦造成海域面积减少，纳潮量降低，削弱了海洋的自净能力，加剧了水域环境的恶化。目前世界上的海水养殖系统，大多已进入半集约化或集约化养殖，饵料的投放和残饵的生成是促成养殖自身污染的一个重要因素。一般水产养殖饵料的投放及生物排泄物中含有 N、P 等元素，由于沉积作用沉积于海底，工厂化水产养殖的问题主要是养殖废水往往得不到有效净化，简单处理后直接入海，废水中同样含 N、P 等元素，属于有机污染，并且海水具有流动性且不易观察往往加重污染形成海水富营养化，海底微生物增加，需氧量大增；沉积有机物分解，转化成为对鱼类有害的物质；沉积物中营养物质释放又会导致网箱内部的二次污染，加剧富营养化程度。海水富营养使得藻类大量繁殖，藻类分泌的毒素有些可直接导致海洋生物大量死亡，有些甚至可以通过食物链传递，造成人类食物中毒。另外还有因不规范使用鱼类药品、含药物类饲料和投放鱼种或受精卵中药物残留所带来的化学性污染，不科学的水产养殖带来的生理性污染，渔业生产过程中机械产生的油类污染，渔业生产者生产过程中产生的生活垃圾等物理性污染。还有因新的海洋物种引进而打破原来食物链，造成食物链断裂物种急速减少或增多的可能。因此要依照《中华人民共和国渔业法》《中华人民共和国农产品质量安全法》《中华人民共和国环境保护法》等相关法律，合理布局网箱、科学喂食、规范用药，通过药剂投放及养殖食用藻类减少富营养化的出现，科学论证本地区海水养殖新物种的可行性，养殖业与其他相关行业相互联系，左右拓展上下连接形成产业链，开展循环经济；提高从业人员素质技术水平及依法作业的自觉性，确保海洋渔业发展及海洋环境得到保护。

7.2.3 建立健全海洋环境监测和评价

海洋经济要得到持续发展，海洋环境质量既是重要的评价指标同样也是可持续发展的重要组成部分。海洋环境监管的重要手段是海洋环境监测，海洋监测也是环境保护和监督管理的重要技术保障和基础，同时也为环境科学的研究提供监测数据，客观真实地反映海洋环境状况，也为执法机关和法制单位执法立法提供重要证据。根据欧洲保护北大西洋海洋环境组织研究，海洋监测的内容包括：重复监测海洋环境各介质的质量和海洋环境的综合质量；重复监测人为活动及自然向海洋输入的可能会影响海洋环境质量的物质和能量；重复测定人类生产生活活动可产生的环境效应。根据国家海洋局的统一部署和沿海各市政府管理海洋的需求，海洋环境监测总站担负起沿海近岸海域海洋污染事故调查鉴定和海域生态环境监测，承担海洋和海岸环境评估工作。海洋环境质量评价指的是根据不同的要求和环境质量标准，按一定的方法和评价原则，对海域环境要素的质量进行预测和评价，为海洋环境管理和规划及污染治理提供科学依据。环境评价的内容涵盖广泛，主要包括评价陆源性污染物入海后对海洋环境的危害程度、海上及近岸工程设施施工等生产活动对海洋环境带来的影响、评价海洋资源开发对海洋环境的影响等方面。

海洋监测和评价工作日益重要，国家海洋局组织制定了《海洋环境监测质量保证管理制度》《海洋环境监测保证制度》及《海洋环境监测数据审核评价制度》等一系列规章制度。沿海地区评价和监测工作分享分级部署给地方政府，沿海各市负责本市区域海洋环境监管和评价工作，定期发布各市及全省海域环境信息报告，即《海洋环境公报》。统一制定环境评价方法和监管指标，健全岗位责任制和竞争机制，提高工作人员的业务素养，及时快速更新和通报监测数据，提高环境监测工作效率，通过工作实践完善环境监测和评价技术指南，使得海洋监测和评价融入海洋经济发展中。在海洋监测工作中要注意对重点指标的监测和评价，如对于海水富营养化，监测评价要采用多参数评价体系；监测和评价重点海域生态系统生态结构，评价时要考虑多因素多参数；对重大海洋环境突发事件及海上突发事故，要及时通报和发布信息，以便开展逃生及救援工作。

7.2.4 海洋灾害预报

海洋自然环境发生异常或剧烈变化导致在海洋或海岸发生的灾害被称为海洋灾害。海洋灾害主要是指海水入侵、海冰、海浪灾害、风暴潮、飓风、地震海啸、赤潮及溢油等突发性的自然灾害。据《2011 年中国海洋灾害公报》可知，2011 年我国共发生 114 次海浪、赤潮和风暴潮，其中 44 次造成灾害。各类海洋灾害造成直接经济损失 62.07 亿元，死亡包含失踪人数 76 人。而 2011 年相较于其他年份自然灾害还是有所减少。海洋自然灾害已经成为我国自然灾害的主要来源。沿海地区是经济发展的重要地带，同时又是受到海洋灾害最直接最严重的地区，自然灾害的爆发成为限制沿海经济发展的重要因素之一。海洋灾害的预报是减少海洋灾害带来损失和威胁生命安全的有效方法，灾害的预报要借助传播媒介级公共信息网络发布，以海洋环境监测为依托，主要通过电视、网络、广播、报刊、传真、电传、邮寄等方式。

　　国家在总发展目标中提出，形成海洋防灾减灾体系，高度完善海洋环境监测预报体系，总体提升实时监测预报能力，健康运行功能区质量运行保障体系，进一步完善海洋防灾和应急体系，构筑监测准确、预报及时、应对有力的海洋防灾体系。海洋灾害的发布要明确各地方预报部门，防止报出多门及谣言等在社会上引起恐慌和混乱，建立灾害预报相关法律，规范预报发布及有效制止和惩罚谣言传播者。灾害预报应全方位多角度地论证海洋灾害对沿海地区经济及人员带来的危害，提供防范措施。完善海洋灾害预报体系，要努力形成网状结构，覆盖辖区所有海域，以海洋监测系统为基础，多部门联合预警；努力完善海洋灾害预报系统，加强灾害监测系统，发展海洋生物监测技术，利用浮标、"3S"等自动化设备和技术及海洋生物对自然环境的反应信息等手段，通过科学研究海洋群发性、衍生性和次生性灾难爆发的规律和造成的后果，提高海洋灾害预警工作的准确性和预见性。在海洋开发规划中，我们要将预警所用设施纳入其中并且对开发中可能会遇到的灾害提前做好救灾准备工作，不可给沿海地区抗灾系统增加负担。

7.3 社会角度

　　综合绿色海洋经济发展的内涵包括经济的可持续发展、生态环境资源的可持续发展及社会生活可持续发展。可持续发展是一个综合的系统性的问题。全社会只有社会主体是可持续发展的受益者和参与者。沿海经济带海洋经济的可持续发展，需要全社会的参与和支持，共同努力，促使经济、资源环境和社会相协调，才能真正实现沿海经济带的可持续发展。

7.3.1 理顺海洋环境管理体制与完善法律法规

　　海洋环境管理是指以保持自然生态平衡和环境持续利用为目的，运用行政、法律、经济、科学技术及国际协同合作等手段，为维持良好的海洋环境状况，采取的防止、减轻和控制海洋环境破坏、损害或退化的行政行为。海洋环境管理是海洋管理的重要组成部分，海洋环境管理工作是以海洋管理体制为基础开展的。我国海洋的开发工程项目众多，海事事务繁多，海洋环境管理工作多头管理，自成体系，缺乏工作交流和信息共享。虽然海洋环境监测部门等配套管理体系已经建立，但是其基本服务能力相对薄弱。当海洋环境面临问题时，各地区各级环保部门、海洋渔业厅、海上治安监督管理机构、海关缉私队伍、海事部门、交通部门以及各地部队都有参与处理的权利及可能，这就使得海洋环境问题难以确定所属管辖部门，工作效率应急能力大打折扣。因此，要明确各地各级机构管理范围及权限，适当调整机构的设立及适当集中管理权力；各级各部门在处理海洋环境问题时，要构建顺畅的工作渠道，及时协调各级各部门之间的工作；综合各部门的执法队伍，建立一个协调的、系统的、统一调配的精良队伍，提高执法效率和质量；完善海洋环境管理的资金投入，建立信息服务共享平台，减低各部门行政费用，调高海洋环境管理反应及应急速度。

法律法规是海洋环境管理最强有力的手段，既可以规范和限制主体的行为，同时也有效保护了社会主体的权益。法律法规是在海洋环境管理执法过程中必须严格遵守的最高准则。我国颁布的相关法律法规、行政法规主要有《中华人民共和国海洋环境保护法》《中国环境保护 21 世纪议程》《海洋污染检测管理条例》等。各地方在国家法律规定范围内，结合自身海洋环境实际情况，制定地方性法律法规，为实现地方海洋环境可持续发展提供战略保障。在运用法律手段时，管理和执法部门要明确法律的内涵和外延，做到有法可依、有法必依，积极宣传法律法规；对于海洋生产活动者要用法律武装自己的头脑，既保护自身合法利益也限制自身行为不触犯法律。增强社会可持续发展的意识，为海洋经济资源环境的可持续发展提高公众积极性，创造良好发展氛围。

7.3.2 加大海洋环境可持续发展观念宣传教育

教育手段是可持续发展变革、提高人们将抽象的社会理想转变成具体现实的能力的主要力量。联合国大会宣布自 2005 年起到 2014 年，利用十年时间在全球开展可持续发展教育，要求各国将其纳入各个相关层次的教育战略和行动计划中去。海洋环境可持续发展作为可持续发展的重要组成部分，应当涵盖于可持续发展教育之中。海洋可持续发展教育有助于人们和决策部门树立以未来为导向的思维方式，以整体的科学的方法实现价值观、行为方式和生活方式的改变。宣传教育的另一重要作用是具有强烈的舆论导向作用，这也是海洋环境可持续发展实现的重要手段。政府应当大力宣传普及海洋知识，提高人们对海洋可持续发展的认识，利用公众媒介等手段宣传什么是可持续发展，发展规划是什么，应该怎么样做，强化人们对它的认识。此外，政府相关部门可利用法律法规的强效限制作用及其他司法手段，积极推进《联合国海洋法公约》《中华人民共和国海洋环境保护法》《防治海洋工程建设项目污染损害海洋环境管理条例》等法律法规的普及，增强依法用海意识。另外，还可以在大中小各层次教育材料中，加大海洋环境和生态保护等方面内容的比例，从幼儿青少年起树立可持续发展意识和思维方式行为准则；建设海洋环境教育基地，向社会公众展示海洋世界、开发现状、未来方向等宣传教育内容；设立爱护海洋日，开展主题活动，在社会上形成一种可持续发展之风。相信在宣传教育作用下，人们一定会强化可持续发展观念。

7.3.3 促进海陆一体化发展

我国"十二五"发展规划纲要中第一次将发展海洋经济提到了战略高度，将发展海洋经济提高到与改造提升制造业、培育战略新兴产业、发展服务业等同等重要的地位。海陆一体化，是指根据海、陆两个地理单元的自然主体客观联系，运用系统论和协同论的思想，通过统一规划、联动开发、产业组接和综合管理等方法，将海陆地理、社会、经济、文化、生态系统整合为一个统一的有机整体，实现海陆环境协同发展。沿海经济带作为海陆连接地带，有着良好的资源和区位优势，是海洋经济生产的中心及海洋开发的带动力量。海洋中拥有丰富的生物资源、矿产资源、海水资源等，海洋经济的发展也已经成为经济新的增长点、新的动力。海洋开发的深度和广度需要以陆地经济水平、科学实力、劳动资源及生产资本作为支撑，通过海陆互补消除海洋发展的限制因素。提升陆域经济发展战略优势和拓展战略空间，要依托海洋优势的发挥和蓝色国土的开发。在沿海经济发展中，人们提出海陆统筹一体化发展。海陆经济统一规划，海洋资源开发利用与陆域产业布局相协调，并且加大海洋对沿海地区经济拉动；海洋利用陆域的科技科研实力发展科学高效高产的经济，将海洋产业链延伸到陆域，与陆域经济相衔接；统筹海陆交通设施等基础设施建设，陆域排污要严格净化处理，控制污染入海的量、数、类，结合海洋功能区设置排污位置；海洋突发性灾害直接会危害内陆尤其是沿海地区人口、基础设施、工程项目等生产生活安全。海陆统筹有机结合的整体发展，最终能够实现人类社会经济资源环境的可持续发展。

7.3.4 实施科技兴海战略

科技是第一生产力，科技兴海要求依靠科技成果转化和产业化，推动海洋经济发展及生态系统良性发展。科技兴海已经成为综合绿色海洋经济发展的重要任务，在海洋经济发展规划中将科技兴海放在海洋开发的突出位置，加快海洋科技成果转化及向传统海洋产业的渗透，增强海产品的国际竞争力，也有助于调整海洋产出、经济结构调整及海洋生态系统平衡。全国印发《科技兴海规划纲要》，在沿海地区建立"科技兴海"示范基地，重点加强对海洋药物、海水增养殖、食品加工、海洋化工、海洋生物工程等技术的研究与开发，鼓励和扶持以科技为支撑的海洋项目发展，搭建高等院校、科研院所、生产企业及金融机构之间的交流合作平台，探索建立"学—研—产—金"科技兴海模式。"学"是指以高校为基础，加强人才培养体系，引进高能力高水平人才，推进涉海院校重点学科建立，开展与海洋资源开发、海洋环境监测、海洋环境保护及海事人员培养等主题；"研"是指在辽宁沿海地区设立涉海科研院所，研究与市场需求相关的内容，建立人才鼓励机制，提高科研人员积极性，完善人才竞争机制，负责对从事海洋劳动者技术培训；"产"机制是指将科研成果转化成生产力，激励海洋劳动者引用新技术新方法，完善海洋企业产学研联合；"金"是指地方政府加大对海洋开发的投入，对重点科研院校加大财政支持，完善海洋科技投入结构，统筹协调科技兴海模式的各个环节，组织企业及个人的新技术培训，引进国外管理经验和先进技术，积极落实"科技兴海"战略。

7.3.5 加快海洋环境公共信息服务建设

海洋环境公共信息服务平台为海洋开发与资源管理及海洋生产活动提供了重要保障，海洋环境公共信息包括海洋污染、海洋环境、科技文献档案等方面。海洋监测、海洋灾害预报、海陆一体化及科技兴海战略，都离不开海洋环境公共信息服务体系。海洋环境监测数据、海洋环境管理法规、海洋灾害预报数据、海上救援、海洋资源探索、海洋科技情报、"3S"技术对海洋开发、海洋高科技效益追踪等，是一张庞大的数据网，这张数据网需要数字化的信息平台，及时反映和显示各项海洋环境数据，而只有确保信息的完整、快速、有序、安全，确保数据显示和流转的顺畅，才能为决策者提供准确的数据信息。海洋环境公共信息服务体系的建立要以各相关单位为基础，借助海洋环境监测、灾害预报等设施，利用海上遥感信息系统、海洋情报系统等手段，科学分析及制作海洋公共信息，建立海洋数据库，对海洋开发和海洋保护建立信息追踪。总之，海洋环境公共信息服务体系是有效加强地方海洋监测管理工作、拓展各地区信息交流、开展海上救援救助、提升海洋灾害预报能力及科技兴海的工作基础。

第8章 研究结论、不足与研究展望

8.1 研究结论

本文在《环境经济核算体系：中心框架（SEEA-2012）》的基础上，借鉴了国际环境资源经济核算体系和中国绿色国民经济核算体系的经验，构建了综合绿色海洋 GDP 核算体系，并用构建的综合绿色海洋 GDP 核算体系核算了 2015 年辽宁省的综合绿色海洋 GDP。得出如下结论。

①海洋环境资源核算账户由海洋环境资源实物量核算和海洋环境资源价值量核算两个大账户构成。其中，海洋环境资源实物量核算账户中包含海洋资源耗减实物量核算、海洋环境污染物实物量核算、海洋生态系统服务物质量核算三个子账户；海洋环境资源价值量核算账户也包含海洋资源耗减价值量核算、海洋环境损失价值量核算、海洋生态系统服务价值量核算三个子账户。

②海洋资源环境核算账户调整到国民海洋经济核算账户（绿色海洋 GDP 和综合绿色海洋 GDP 核算账户），可通过货币化模型使海洋环境资源核算账户中实物量指标与价值量指标连接，利用价值量指标把海洋资源环境核算账户与国民海洋经济核算账户连接，对国民海洋经济核算账户的海洋资源、海洋环境和海洋生态服务因素进行调整等，可实现构建综合绿色海洋 GDP 核算体系的目标。

③2015 年辽宁省的资源价值核算账户中，在经济生产上损失的海洋资源价值为 119.11 亿元。其中，大连市海洋资源成本为 55.98 亿元，丹东市为 10.72 亿元，葫芦岛市为 8.34 亿元，盘锦市为 15.48 亿元，锦州市为 11.91 亿元，营口市为 16.68 亿元。

④2015 年辽宁省的海洋环境核算账户中，海洋环境成本为 9.29 亿元。其中，大连市海洋资源成本为 3.79 亿元，丹东市为 1.26 亿元，葫芦岛市为 1 亿元，盘锦市为 1.04 亿元，锦州市为 0.7 亿元，营口市为 1.5 亿元。

⑤2015 年辽宁省的海洋生态系统生态服务总价值 431.6 亿元。其中，大连市海洋资源成本为 202.85 亿元，丹东市为 38.84 亿元，葫芦岛市为 30.21 亿元，盘锦市为 56.11 亿元，锦州市为 43.16 亿元，营口市为 60.42 亿元。

⑥辽宁省绿色海洋生产总值（综合绿色海洋 GDP+海洋生态系统服务价值）占总海洋

GDP 比重为 96.65%。由于海洋产业中第三产业产生污染较少，因此将第三产业去除，将环境成本与第一、二产业产值进行比较，得出扣除环境成本的海洋第一、二产业产值占原一二产业总产值的比重为 99.64%。

⑦将海洋 GDP 与综合绿色海洋 GDP 相除，得到的系数越大说明资源利用率和海洋生态治理情况较差，海洋生态效益较低；得到的系数越小说明资源利用率和海洋生态治理情况较好，海洋生态效益较高。其中，总海洋 GDP 占综合绿色海洋 GDP 比重最低的地区为锦州市，为 92.27%，其次为葫芦岛市，为 92.49%，丹东市排第三，为 92.50%，剩下依次是大连市、盘锦市和营口市，分别为 92.59%、92.84% 和 93.16%。

⑧辽宁省海洋资源和海洋环境损失成本所占比例不大。这主要是因为辽宁省在经济生产过程中在节约自然资源及其利用效率方面不断提高，减少了自然资源损耗成本，同时也因其在经济活动过程中严格进行清洁生产，严格控制"三废"排放以及不断改进对废物的处理技术，减少了环境资源的损失成本。但是，辽宁省海洋生产总值中仍有以牺牲海洋资源和环境为代价取得的。这必须引起辽宁省决策层的高度注意。今后应更加把循环经济、绿色生产真正落实到经济建设的各个层面，走实现经济和资源环境双赢的可持续发展道路。

8.2 研究不足

目前世界上对综合绿色海洋 GDP 核算体系的构建与研究还处于起步阶段。本文通过构建综合绿色海洋 GDP 核算体系框架核算了辽宁省的综合绿色海洋 GDP，虽然取得了一定的"突破"，但由于海洋经济核算涉及面广，许多规范还未成型，限于研究条件，因此，本研究仍存在一些不足。

①由于缺少相应的实物量数据，海洋资源价值的核算范围不全面。本文核算的海洋资源价值中未能包括野生动、植物的存量和流量价值，因此，本研究的海洋资源损耗价值可能低于实际水平。

②同样由于实物量数据难以获得，海洋环境成本的核算范围也不全面。本文只核算了工业引起污染的治理成本、城市生活污染的治理成本，没有核算因环境污染引起疾病的治理成本，而且在工业引起的污染中只核算了废水污染、废气污染和固废污染。所以本文核算的海洋环境损失成本要少于实际损耗的成本。

③海洋生态系统提供的服务效益估算，由于海洋生态系统的动态性和复杂性，以及结构与功能之间经常处于非线性关系，对评价指标的选择缺乏统一公认的标准，因此，很难准确计算海洋生态系统的供应服务水平。本文的一些评估参数引用了他人的结果，由于空间的异质性，可能会带来一定的误差。

8.3 研究展望

综合绿色海洋 GDP 是在 SEEA-2012 体系基础上提出来的一个全新的概念，本文构建的综合绿色海洋 GDP 核算体系尚需要进一步补充和完善，如海洋环境核算方面还需要进一步全面考虑，海洋生态系统生态效益核算范围还应进一步扩大。

从各国的绿色 GDP 实践可以看出，由于环境和资源统计数据的缺失，最终影响了环境经济核算结果的质量和可比性。实物量统计是价值量统计的基础。因此必须逐步建立和完善我国环境资源统计数据（实物量）基础的建设，提高统计数据的完整性、公开性和及时性。

综合绿色海洋 GDP 核算要求把海洋生态系统的服务效益也纳入核算范畴。对海洋生态系统中那些既没有交易市场，又没有模拟市场的生态和社会服务功能效应如何用实物量化、用什么样的标准和方法去评估生态和社会服务的经济价值，这是需要共同探讨和解决的问题。

我国现行的环境经济综合核算体系框架是在（SEEA-2003）体系基础上建立的。2012年联合国又推出了新的环境经济核算体系（SEEA-2012），并作为环境经济核算的国际统一标准。新的体系对环境资产的定义、归类和核算内容、核算方法等都做了改动。我国现行的海洋经济综合核算体系如何与新的体系接轨，构建适用于中国的海洋经济综合核算体系，制定好核算标准，建立起一套可实施的核算框架，形成核算的制度化、标准化和组织化，进一步完善海洋资源资产价值、海洋环境价值和海洋生态系统服务效益核算账户，将海洋资源资产价值、海洋环境价值和海洋生态系统服务效益核算结果纳入综合绿色海洋 GDP 核算框架中进行系统分析，是未来很长一段时间内需要持续研究的方向。

从我国目前情况来看，有关绿色 GDP 核算的研究还主要停留在学术层面。虽然我国已经完成 2004 ~ 2010 年的《中国环境经济核算研究报告》，但由于一些政府部门在对绿色 GDP 的计算方式和科学性认识上有较大分歧，所以仅 2005 年正式发布过全国的绿色 GDP 核算报告。然而绿色 GDP 核算是各级政府进行科学决策的重要依据之一，因此绿色 GDP 核算的研究不应只停留在学术层面上，而应在国家的决策下进行。综合绿色海洋 GDP 核算涉及面广，需要多个部门合作。综合绿色海洋 GDP 是各级政府进行科学决策的重要依据之一，必须有权威统计部门参与，以保证核算结果的客观性、真实性和科学性。

专题一 新时代我国绿色海洋经济发展战略导向研究

人类赖以生存的地球上，地球表面积的 71% 被海洋所覆盖，地球总水量的 97% 为海洋所拥有。海洋与人类的生活紧密相连，息息相关，为人类提供纯净的氧气和丰富的食物，也为人类继以生存的地球提供调节气候的作用。在人口压力剧增的 21 世纪，我们面临着各种资源的匮乏以及环境问题，大力发展海洋业成了许多国家解决资源、环境等问题的关键，海洋里的丰富资源对人类的生存以及社会的进步都起着重要作用。

一、新时代我国海洋经济发展形势分析

（一）主要成就

海洋经济总体实力进一步提升。"十二五"期间，我国海洋经济继续保持总体平稳的发展势头，年均增长 8.1%，依然是拉动国民经济发展的有力引擎。2015 年海洋经济总量接近 6.5 万亿元，比"十一五"期末增长了 65.5%；海洋生产总值占国内生产总值的比重达 9.4%；涉海就业人员达 3 589 万人，较"十一五"期末增加 239 万人。

海洋经济布局进一步优化。"十二五"期间，发挥环渤海、长江三角洲和珠江三角洲的引领作用，北部、东部和南部三个海洋经济圈基本形成，一些内陆省份海洋经济逐步发展，浙江舟山群岛、广州南沙、大连金普、青岛西海岸等国家级新区以及福建平潭、珠海横琴、深圳前海等重要涉海功能平台相继获批设立。山东、浙江、广东、福建、天津等全国海洋经济发展试点地区工作取得显著成效，重点领域先行先试取得良好效果，海洋经济辐射带动能力进一步增强。一批跨海桥梁和海底隧道等重大基础设施相继建设和投入使用，促进了沿海区域间的融合发展，海洋经济布局进一步优化。

海洋经济结构加快调整。"十二五"期间，海洋产业结构调整出现积极变化，海洋经济三次产业结构由 2010 年的 5.1∶47.7∶47.2，调整为 2015 年的 5.1∶42.5∶52.4。传统海洋产业加快转型升级，海洋油气勘探开发进一步向深远海拓展，海水养殖比重进一步提高，高端船舶和特种船舶完工量有所增加。新兴海洋产业保持较快发展，年均增速达到 19%。海洋服务业增长势头明显，滨海旅游业年均增速达 15.4%，邮轮游艇等旅游业快速发展，涉海金融服务业快速起步。

海洋科技创新与应用取得新成效。"十二五"期间，一批海洋关键技术取得重大突破，

"蛟龙"号载人潜水器、深海遥控无人潜水器作业系统海试成功，海洋深水工程重大装备及配套工程、3000 米水深半潜式钻井平台通过验收，南极深冰芯钻探第一次试钻成功。海洋科技成果转化率超过 50%，海水淡化设备国产化率显著提升，兆瓦级海洋潮流能装备正式并网发电，200 千瓦波浪能装备初步具备远海岛礁应用能力。

海洋管理与公共服务能力进一步提升。"十二五"期间，全国海洋经济调查首次正式启动，海洋生态环境保护与修复取得明显成效。海域使用管理深入推进，海域空间资源全面保障沿海地区经济社会发展。海洋公共服务能力显著增强，海洋预报区域从我国近海延伸到全球大洋和两极，海洋灾害预警发布频率显著提高，海洋渔业生产安全和海上搜救环境保障服务系统投入试运行，管辖海域巡航执法时空覆盖率进一步提高。抵御风暴潮灾害能力进一步增强，建成海堤约 1.4 万公里。

海洋经济对外开放不断拓展。"十二五"期间，上海、天津、广东、福建自由贸易试验区相继设立。涉海企业通过对外投资建港、承接海洋工程项目、收购涉海公司等方式，拓宽了海洋产业合作模式和领域。"一带一路"建设战略顺利实施，我国与"21 世纪海上丝绸之路"沿线国家在基础设施建设、经贸合作、环境保护、人文交流、防灾减灾等领域展开务实合作，对外贸易和直接投资显著增长。

（二）面临形势

"十三五"时期，海洋经济发展面临重大机遇。全球治理体系深刻变革，生产要素在全球范围的重组和流动进一步加快，新一轮科技革命和产业变革正在全球范围内孕育兴起，为我国海洋经济转型升级和"走出去"提供了良好条件和重要支撑，"一带一路"建设战略加快实施，为我国海洋经济在更广范围、更深层次上参与国际竞争合作拓展了新空间。我国经济长期向好基本面没有改变，综合国力稳步提升，科技实力明显增强，为海洋经济加快发展提供了有力支撑；经济发展方式加快转变，新的增长动力正在孕育形成，制造业实力显著提高，服务业增长势头明显，为海洋产业加速转型升级奠定了重要基础；全面深化改革持续推进，大众创业、万众创新深入实施，为海洋经济发展注入新的动能和活力。

同时也要看到，世界经济仍处于深度调整期，全球经济仍未摆脱低迷，国际市场需求依旧乏力，地缘政治关系复杂多变，给我国海洋经济相关领域对外投资、拓展海洋经济发展空间带来诸多不确定性。我国经济发展进入新常态，海洋经济发展不平衡、不协调、不可持续问题依然存在，海洋经济发展布局有待优化，海洋产业结构调整和转型升级压力加大，部分海洋产业存在产能过剩问题，自主创新和技术成果转化能力有待提高，海洋生态环境承载压力不断加大，海洋生态环境退化，陆海协同保护有待加强，海洋灾害和安全生产风险日益突出，保障海洋经济发展的体制机制尚不完善等，这些因素仍制约着我国海洋经济的持续健康发展。

二、新时代我国海洋经济发展主要特征

（一）海洋经济增速由高速向中高速转换

"十二五"以来，世界经济温和复苏态势基本确立，经济增速放缓且复苏乏力，对我国需求增速放缓。世界贸易增速也明显放慢，年增长率只有 4%～5%，是近 30 年增速的一半水平。美国积极推进跨太平洋伙伴关系协议（TPP）和跨大西洋贸易与投资伙伴关系协定（TTIP），也将提高我国海洋产业"走出去"的标准和成本。党的十八大提出"海洋强国"建设战略，明确了海洋经济发展的方向和目标。

海洋产业面向国际市场，处于国际产业链分工的中低端，竞争能力弱，易受国际市场波动和环境变化的影响。海洋经济增速表现出由高速向中高速转换趋势，与国民经济增速变化趋势相似。2001～2010 年，年均增速为 14.9%，远高于国民生产总值增速，比重由 2001 年的 8.68% 上升到 2014 年的 9.4%。但与国内生产总值发展相比较，海洋生产总值波动性更大，易受外部环境影响，除 2003 年海洋生产总值增长速度仅为 4.2% 以外，最高速度为 2002 年的 19.8%，最低速度为 2013 年的 7.6%。

（二）海洋经济结构由工业主导型向服务主导型转变

近年来，我国海洋经济结构不断优化。第一产业呈总体下降趋势，由 2001 年的 6.8%下降到 2010 年的 5.1%，但"十二五"以来，呈现小幅缓慢回升，增长到 2014 年的 5.4%。第二产业呈总体上升趋势，由 2001 年的 43.6% 上升到 2010 年高点 47.8% 后，在外部需求减弱与内部要素结构转变的双重作用下，"十二五"时期缓慢下降，2014 年达到 45.1%。第三产业呈先下降后上升趋势，2002 年达到最高点 50.3%，2006 年达到最低点 47% 后缓慢回升，2014 年达到 49.5%。第三产业比重再度超过第二产业，是海洋产业结构调整和转型升级的重大变化，意味着我国海洋经济由工业主导型向服务主导型转变，该趋势将对未来海洋经济增长带来深远影响。

（三）海洋战略性新兴产业发展快速起步

总体来看，我国海洋战略性新兴产业总体规模较小，但近年来发展势头强劲，年均增速在 20% 以上。海水淡水产业发展迅速，2014 年实现增加值 14 亿元，比 2013 年增长 9.9%。海洋生物医药产业发展势头良好，2014 年实现增加值 258 亿元，比 2013 年增长 12.2%。海洋电力产业同样实现稳步发展，2014 年实现增加值 99 亿元，比 2013 年增长 8.5%。

（四）海洋工程装备制造业深度调整并缓慢复苏

2015 年《中国制造 2025》战略发布，实现中国速度向中国质量转变，完成中国制造由大变强的战略任务，海洋工程装备及高技术船舶是大力推动的十大重点领域之一，这为海洋船舶工业转型升级提供了良好机遇。"一带一路"倡议推动形成全方位开放格局，由

"大进大出"向"优进优出"转变，21 世纪海上丝绸之路沿线国家之间互联互通，基础设施建设加快开展，为海洋产业"走出去"搭建了平台和桥梁。

从全球能源需求、供给及油价走势等因素看，海洋船舶工业市场前景依然可期，需求市场广阔。"十一五"时期，海洋船舶工业高速发展，增加值增速五年平均超过 20%。"十二五"以来，海洋船舶工业受全球航运市场持续低迷的影响，2012 年实现增加值 1291.3 亿元，比 2011 年减少 4%，2013 年经济效益持续下滑，实现增加值 1183 亿元，比 2012 年减少 7.7%。2014 年海洋船舶工业加快调整转型步伐，发展形势向好，实现增加值 1387 亿元，比 2013 年增长 7.6%。

（五）深海油气勘探开采成为海洋油气发展新空间

针对未来全球新增油气主要来自海上，尤其是深水和超深水的特点，近年来我国加快调整海洋油气资源开发结构，加大深海油气资源勘探开发力度。海洋油气业保持稳定发展，除 2009 年海洋油气产业剧烈变动外，其他年份海洋油气产量保持稳定，但因受国际油价影响，海洋油气开发成本急剧上升，降低了对海洋油气勘探开采，特别是深海油气开采的动力。2014 年海洋油气实现增加值 1530 亿元，比上年下降 5.9%。海洋原油产量 4614 万吨，比 2013 年小幅增加 72.9 万吨，海洋天然气产量 131 亿 m^3，比 2013 年增长 13.4 亿 m^3。

（六）海洋生态文明建设成为海洋经济发展新要求

"十二五"时期，我国严重污染（劣四类水质）海域面积平均为 5.2 万 km^2，2012 年高达 6.8 万 km^2，是"十一五"时期 3.2 万 km^2 的 1.6 倍。海湾环境质量恶化程度加重，杭州湾、象山港、钦州湾、湛江港、三沙湾、罗源湾、三门湾、汕头港、厦门港、诏安湾 80% 以上面积处于中度和严重污染状态。近岸重要生态系统损害严重，根据"中国近海海洋综合调查与评价"专项调查，与 20 世纪 50 年代相比，我国累计丧失滨海湿地面积 57%、红树林面积 73%、珊瑚礁面积 80%。"十三五"时期主要污染物排放总量将迎来峰值，突发溢油事故带来的环境风险进入高发频发期，海洋资源环境保护压力有增无减。为缓解经济发展瓶颈，满足人民群众对良好生态环境的需求，生态文明建设被纳入中国经济社会发展建设"五位一体"布局，水污染防治行动计划加快推进。海洋是生态文明建设和水污染防治的重要组成，加快海洋生态文明建设，建设美丽海洋成为关乎经济发展和人民群众生活的重要举措，是在海洋资源环境"天花板"约束下，受经济社会发展引导和海洋经济规律自我作用的结果，也是适应经济发展新常态、主动转型海洋经济绿色发展、调整发展思路和方式的要求。

三、新时代我国海洋绿色经济发展战略导向

（一）推进海洋产业供给侧结构性调整

推进海洋产业供给侧结构性调整，促进海洋新兴产业加快发展，提高海洋服务业规模和水平，促进海洋产业集群发展，提升海洋产业标准化水平，增强海洋产业国际竞争力。

1. 调整优化海洋传统产业

（1）海洋渔业

严格控制近海捕捞强度，实行近海捕捞产量负增长政策，严格执行伏季休渔制度和捕捞业准入制度。加快调整和改革渔业油价补贴政策，积极推进渔业减船转产，压减国内捕捞生产能力。推进以海洋牧场建设为主要形式的区域性综合开发，建设以人工鱼礁为载体、增殖放流、底播增殖为手段的海洋牧场示范区，实现海洋渔业可持续发展。发展远洋渔业，完善加工、流通、补给等配套环节，延长产业链，提高远洋渔业设施装备水平，建造海外渔业综合服务基地，鼓励远洋渔业企业通过兼并重组做大做强。合理调整海水养殖布局，大力发展海水健康养殖，支持深水抗风浪网箱养殖和工厂化循环水养殖。实施种业提升工程，支持海洋渔业育种研究，构建现代化良种繁育体系。完善水产疫病防控体系，规范养殖饲料和药物的生产与使用，建设水产品质量检测中心，创建出口水产品质量安全示范区。提升水产品精深加工能力，建设水产品仓储、运输等冷链物流。发展水产品交易市场，在有条件的滨海城市发展水产品期货市场，提高国际大宗水产品定价权。大力发展多元化休闲渔业。加强渔政渔港等基础设施建设，推动渔港经济区和渔区城镇融合发展。开展"互联网＋"现代渔业行动，提升海洋渔业信息化水平。

（2）海洋油气业

建立油气开发用海协调机制，继续推进近海油气勘探开发。支持深远海油气勘探开发，推进海洋油气资源开发与服务等综合性保障基地建设。进一步加大对海上稠油、低渗等难动用油气储量开发的支持力度。到 2020 年，新增探明海洋油气地质储量较快增长，海洋油气产量稳步增长。积极加强国际合作，推动深远海油气合作开发。加强沿海 LNG 接卸能力建设，提高周转调配能力。支持社会资本通过参股等形式，参与海洋油气资源勘探开发。

（3）海洋船舶工业

加快海洋船舶工业产能调整，推进企业兼并重组与转型转产，通过市场供需，淘汰落后产能。调整优化船舶产品结构，提升高技术船舶的自主设计建造能力。培育提升船舶设计开发研究机构的能力和水平，引导和支持重点骨干企业建设在国内具有影响力的研发中心。推进军民船舶装备科研生产融合发展和成果共享。推进重点船用设备集成化、智能化、

模块化发展，促进船舶配套业由设备加工制造向系统集成转变。鼓励有实力的企业建立海外销售服务基地。

（4）海洋交通运输业

推动海运企业转型升级，加快兼并重组，促进规模化、专业化经营。优化海运船队结构，提高集装箱班轮运输国际竞争力。进一步优化沿海港口布局，统筹协调各港口的发展规模，优化调整各港口的发展方向和功能定位，强化主要港口枢纽功能。建设区域港口联盟，推动资源整合优化。加强专用码头资源整合，优先发展公用码头。促进港口与城市协调发展，集约利用港口岸线、土地、海域等资源。加快水路与铁路、公路、航空运输协同发展，推进多式联运。发展以港口为枢纽的物流体系，开展冷链、汽车、化工等专业物流业务，加快建设港口信息公共服务平台。强化安全责任制，加强应急处置能力。

（5）海洋盐业及化工业

科学规划原盐生产布局，加快盐田改造。重点发展海洋精细化工，加强系列产品开发和精深加工。推进"水—电—热—盐田生物—盐—盐化"一体化，形成一批重点海洋化学品和盐化工产业基地。重点开发生产海洋防腐涂料、海洋无机功能材料、海洋高分子材料等新产品，建设一批海洋新材料产业基地。积极开发海藻化工新产品。推进石化产业结构调整和优化升级，建设安全、绿色的石化基地，形成具有国际竞争力的产业集群。

2. 培育壮大海洋新兴产业

（1）海洋装备制造业

面向深远海资源开发，开展关键共性技术和工程设备的自主设计与制造，重点突破浮式钻井生产储卸装置、液化天然气浮式生产储卸装置、浮式液化天然气储存和再气化装置、3600米以上超深水钻井平台等装备的研发设计和建造技术，提升海工装备设计和建造能力，形成总装建造能力。推动海洋工程装备测试基地、海上试验场建设，形成全球高端海洋工程装备主要供应基地。加强5兆瓦、6兆瓦及以上大功率海上风电设备研制，突破离岸变电站、海底电缆输电关键技术，延伸储能装置、智能电网等海上风电配套产业，提升潮汐能、波浪能及潮流能施工安装与发电装备的研发和制造能力。发展大中型海水淡化工程高效节能核心装备，建设海水淡化装备制造基地。

（2）海洋生物医药业

重点支持具有自主知识产权、市场前景广阔的、健康安全的海洋创新药物，开发具有民族特色用法的现代海洋中药产品。开发绿色、安全、高效的新型海洋生物功能制品，重点发展药物酶、工具酶、工业用酶、饲料用酶等海洋特色酶制剂产品，微生态制剂、饲料添加剂、高效生物肥料等绿色农用制品，海洋生物基因工程制品以及海洋功能食品。发展海洋生物来源的医学组织工程材料，新型功能纺织材料、药用辅料、生物纤维材料、生物分离材料、生物环境材料、生物防腐材料等海洋生物材料。在具备海洋生物技术研发优势和生物产业发展基础的城市，组建产学研相结合的创新战略联盟。

（3）海水利用业

在确保居民身体健康和市政供水设施安全运行的前提下，推动海水淡化水进入市政供水管网，积极开展海水淡化试点城市、园区、海岛和社区的示范推广，实施沿海缺水城市海水淡化民生保障工程。在滨海地区严格限制淡水冷却，推动海水冷却技术在沿海电力、化工、石化、冶金、核电等高用水行业的规模化应用。支持城市利用海水作为生活用水的示范。推进海水化学资源高值化利用，加快海水提取钾、溴、镁等系列化产品开发，开展示范工程建设。

（4）海洋可再生能源业

因地制宜、合理布局海上风电产业，鼓励在深远海建设离岸式海上风电场，调整风电并网政策，健全海上风电产业技术标准体系和用海标准。加快海洋能开发应用示范，突破工程设计等瓶颈，建设 2～3 个兆瓦级潮流能、百千瓦级波浪能和 1 个 50 千瓦级海洋温差能示范工程。建设海岛多能互补示范工程。重点加强山东海洋能试验区、浙江潮流能潮汐能示范区、广东潮流能波浪能示范区、南海海洋能综合利用示范基地等示范电站建设。

3. 拓展提升海洋服务业

（1）海洋旅游业

适应消费需求升级趋势，发展观光、度假、休闲、娱乐、海上运动为一体的海洋旅游，推进以生态观光、度假养生、海洋科普为主的滨海生态旅游。利用滨海优质海岸、海湾、海岛，加强滨海景观环境建设，规划建设一批海岛旅游目的地、休闲度假养生基地。统筹规划邮轮码头建设，对国际海员、国际邮轮游客实行免签或落地签证，推进上海、天津、深圳、青岛建设"中国邮轮旅游发展实验区"。发展邮轮经济，拓展邮轮航线。在滨海城市加快发展游艇经济，推进游艇码头建设，创新游艇出入境管理模式。支持沿海地区开发建设各具特色的海洋主题公园。在有条件的滨海城市建设综合性海洋体育中心和海上运动产业基地，发展海上竞技和休闲运动项目。

（2）航运服务业

加快国际航运中心建设与布局，鼓励港口联盟建设，增强港口群协同发展能力，提升服务功能。丰富上海国际航运中心指数，发展指数衍生品。支持企业参与国际海运标准规范制定，推进航运交易信息共享和服务平台建设。积极发展各类所有制航运服务企业，在自由贸易试验区稳步推进外商独资船舶管理公司、控股合资海运公司等试点，进一步探索国际航运发展综合试验区示范政策。以国际航运中心发展为契机，吸引各类大型涉海企业总部入驻，引进涉海行业组织、中介机构、高等院校、科研机构等，建设海洋服务业集聚区，推进涉海金融、航运保险、船舶和航运经纪、海事仲裁等业态发展，形成国际航运中心的核心功能区和总部经济。

（3）海洋文化产业

加大海洋意识与海洋科技知识的普及与推广力度，结合基本公共文化服务体系建设，建立一批海洋科普与教育示范基地，促进海洋文化传播。严格保护海洋文化遗产，开展重点海域水下文化遗产调查和海洋遗址遗迹的发掘与展示，积极推进"海上丝绸之路"文化遗产专项调查和研究。推动国家水下文化遗产保护基地建设。继续办好世界海洋日暨全国海洋宣传日、中国海洋经济博览会、世界妈祖文化论坛、中国海洋文化节、厦门国际海洋周、中国（象山）开渔节等活动。挖掘具有地域特色的海洋文化，发展海洋文化创意产业。规范建设一批海洋特色文化产业平台，支持海洋特色文化企业和重点项目发展。依托相关地域海洋传统文化资源，重点推进"21世纪海上丝绸之路"海洋特色文化产业带建设。

（4）涉海金融服务业

加快构建多层次、广覆盖、可持续的海洋经济金融服务体系。发挥政策性金融在支持海洋经济中的示范引领作用。鼓励各类金融机构发展海洋经济金融业务，有条件的银行业金融机构在风险可控、商业可持续前提下，为海洋实体经济提供融资服务。鼓励金融机构探索发展以海域使用权、海产品仓单等为抵（质）押担保的涉海融资产品。引进培育并规范发展若干涉海融资担保机构，加快发展航运保险业务，探索开展海洋环境责任险。壮大船舶、海洋工程装备融资租赁，探索发展海洋高端装备制造、海洋新能源、海洋节能环保等新兴融资租赁市场。

（5）海洋公共服务业

加快互联网、云计算、大数据等信息技术与海洋产业的深度融合，加强海洋信息化体系建设，推进信息资源的统筹利用和共享。统筹规划和整合海洋观测资源，建设我国全球海洋立体观测网。提升海洋环境专项预报水平，丰富海洋安全生产、环境保障、气象预报等专题服务产品。加快海洋咨询与论证机构建设，提高海洋工程环境影响评价、海域使用论证、海洋工程勘察等服务水平。推动海洋测绘工程建设，构建现代海洋测绘基准体系，建设海洋地理信息多层次应用服务系统。健全海洋标准计量服务体系，建设全国海洋标准信息服务平台。对海上渔船安全实行实时监控，完善海上搜救应急服务，积极推进搜救活动的双边、多边和区域合作。

4. 促进产业集群化发展

创新体制机制，加大支持力度，促进产业集聚，以海洋经济发展示范区为引领，培育壮大一批海洋特色鲜明、区域品牌形象突出、产业链协同高效、核心竞争力强的优势海洋产业集群和特色产业链。

（二）建设绿色海洋经济可持续发展的科技支撑系统

强化海洋重大关键技术创新，促进科技成果转化，提升海洋科技创新支撑能力和国际竞争力，深化海洋经济创新发展试点，推动海洋人才体制机制创新。

1. 支持海洋重大科技研发

围绕深水、绿色、安全等重大需求，加快推进海洋资源开发、海洋经济转型升级亟须的核心技术和关键共性技术的产业化和国产化。在深海关键技术与装备领域，重点突破全海深潜水器和载人装备研制、深远海核动力浮动平台技术等关键技术，建设深海空间站，开展深海能源矿产开发核心技术装备研发及运用。在深水油气资源开发领域，突破深水钻井设施、深水平台及系泊等核心关键技术。在海水养殖与海洋生物技术领域，发展深远海养殖装备与技术，加强海洋候选药物成药技术研究，攻克海洋药物先导化合物发现技术。在海水淡化领域，加快推进海水淡化反渗透膜材料及元件等核心部件和关键设备的研发应用，开展新型海水淡化关键技术研究。在船舶与海洋工程装备制造领域，进一步加强绿色环保船舶、高技术船舶、海洋工程装备设计建造的基础共性技术、核心关键技术、前瞻先导性技术研发，加强船舶与海洋工程装备配套系统和设备等的研制。

2. 推动海洋科技成果转化

强化企业创新主体地位和主导作用，支持涉海科技型中小企业发展，鼓励企业开展海洋技术研发与成果转化。推进海洋重大科技创新平台建设，促进海洋科技资源优化整合、协同创新。加快构建以市场为导向、金融为纽带、产学研相结合的海洋产业创新联盟。大力发展海洋众创平台建设，扶持培育新型创业创新服务机构，加快与互联网融合创新，打造众创、众包、众扶、众筹空间。继续推进海洋经济创新发展示范工作、海洋高技术产业示范基地和国家科技兴海产业示范基地的试点工作。建设海洋科技成果交易和转化的公共服务平台，支持涉海高等学校、科研院所、重点实验室向社会开放，共享科研仪器设备、科技成果。鼓励社会资本投资国家深海生物基因库、深海矿产样品库等，通过企业化运作，为社会科学研究与产业发展提供服务。

3. 深化海洋经济发展试点

继续深入推进全国海洋经济发展试点建设，围绕优化海洋经济空间发展格局、构建现代海洋产业体系、强化涉海基础设施建设、完善海洋公共服务体系、构建蓝色生态屏障、创新海洋综合管理体制机制等重点任务，选择有条件的地区建设一批海洋经济发展示范区，进一步优化海洋经济发展布局，提高海洋经济综合竞争力，探索海洋资源保护开发新路径和海洋综合管理新模式，打造海洋经济发展重要增长极，总结可复制、可推广的经验，为全国海洋经济发展提供示范和借鉴。

4. 创新海洋人才体制机制

加快海洋人才培养模式创新，紧密结合重大项目和关键技术攻关，引导推动海洋人才培养链与产业链、创新链有机衔接。加强多层次、跨行业、跨专业的海洋人才培养，支持一批综合性大学、海洋大学和涉海科研院所组建海洋科技创新团队。落实涉海科研人员离岗创业政策，建立健全科研人员双向流动机制。健全海洋科技创新和人才培养机制，引导和鼓励涉海企业建立创新人才培养、引进和股权激励制度，支持科研单位和科研人员分享科技成果转化收益。提升海洋产业人才信息服务，促进海洋人才资源合理流动。

（三）加强海洋生态文明建设

坚持以节约优先、保护优先、自然恢复为主方针，加强海洋环境保护与生态修复力度，推进海洋资源集约节约利用与产业低碳发展，提高海洋防灾减灾能力，建设海洋生态文明。

1. 强化海洋生态保护修复

（1）加强海洋生态保护

建立海洋生态保护红线制度，实施强制保护和严格管控。实施沿海防护林体系建设工程，加大沿海基干林带建设和修复力度。加快海洋自然保护区、水产种质资源保护区、海洋公园等海洋类保护区的选划与建设，加大保护区规范化建设投入，加强海洋类保护区生态监控，实现国家级海洋类保护区管理全覆盖。加快建立陆海统筹的生态系统保护修复和污染防治区域联动机制，建立健全环渤海、长三角区域海洋生态环境保护机制。加强海岸带生态保护与修复，在滨海城市实施"蓝色海湾"工程。防范海洋生态损害与生物入侵，加强入境船舶检疫监管。完善海洋生态环境补偿制度与机制，探索多元化生态补偿方式。完善海洋生态环境保护责任追究和损害赔偿制度，加强海洋生态环境损害评估，落实生态环境损害修复责任。

（2）推进海洋生态整治修复

在湿地、海湾、海岛、河口等重要生境，开展生态修复和生物多样性保护。实施"南红北柳"湿地修复工程，构筑沿海地区生态安全屏障。实施"生态岛礁"修复工程，选取典型海岛开展植被、岸线、沙滩及周边海域等修复，恢复受损海岛地貌和生态系统。

2. 加强海洋环境综合治理

加强污染源监控的数据共享，实施联防联治，建立并实施重点海域排污总量控制制度，确定主要污染物排海总量控制指标。沿海地方政府要加强对沿海城镇入海直排口的监督与管理。严格海洋石油开采、海水养殖、海洋船舶等海上污染检查执法，加强沿海地区生活垃圾收集、储运和安全处置。推进国内船舶环境保护责任延伸制度建设。提升国家海洋环境监测能力，推进国家海洋环境实时在线监控系统建设，进一步完善海洋环境观测网。继续加强渤海环境综合整治。开展区域海洋资源环境承载能力监测预警，推进近岸海域水质评估考核，实施海上污染物排放许可证制度，开展重大工程建设、海洋倾废全过程监管。建立海洋环境通报制度，沿海地方政府要向同级人大报告海洋环境状况。沿海各级政府要建立海洋环境信息公开发布制度，完善公众参与程序。

3. 集约节约利用海洋资源

严格执行《围填海管控办法》《围填海计划管理办法》，对围填海面积实行约束性指标管理，引导新增建设项目向区域用海规划范围内聚集，完善围填海管理制度，加强围填海开发建设管理。制定出台加强沿海滩涂保护与开发管理的政策意见。严格落实海洋主体功能区规划，依法执行海洋功能区划、海域权属管理、海域有偿使用制度，实施差别化用海政策，保障国家重大基础设施、海洋新兴产业、绿色环保低碳与循环经济产业、重大民生工程等建设项目用海需求。根据《海岸线保护与利用管理办法》，实行海岸线严格保护、限制开发和优化利用制度，严格限制改变海岸自然属性的开发利用活动。统筹实施退养还滩、退养还湿、岸线整护、增殖放流、人工鱼礁等综合整治修复工程，到 2020 年整治和修复的海岸线不少于 2000 km。严格无居民海岛管理，禁止炸岛、采挖砂石、采伐林木，严格限制实体坝连岛工程等损害岛屿及周围海域自然生态的活动。

4. 促进海洋产业低碳发展

加快海洋产业能耗结构调整，鼓励发展低耗能、低排放的海洋服务业和高技术产业，强化能评环评约束作用，对海洋油气、海洋化工、海洋交通运输等高耗能产业实施节能减排，加快淘汰落后、过剩产能。鼓励清洁能源发展，因地制宜发展海岛太阳能、海上风能、潮汐能、波浪能等可再生能源。围绕海水养殖、海洋药物与生物制品、海水利用、海洋化工、海洋盐业等领域，继续开展循环利用示范。依托海洋产业园区，促进企业间建立原料、动力综合利用的产业联合体。鼓励开展海洋产业节能减排、低碳发展的信息咨询和技术推广活动。

5. 提高海洋防灾减灾能力

加强防灾减灾基础设施建设和海洋灾害风险评估，危险品生产企业严格执行预警信息发布和上报制度，提高防灾标准，努力实现从减少海洋自然灾害损失向降低海洋自然灾害风险转变。加强海洋灾害和海洋气象灾害的监测预报，完善海洋预警报产品发布系统。加强渔业生产、海洋航线、海上工程、海上搜救等专项预报保障能力。充分发挥海洋碳汇作用，启动蓝色碳汇行动。建立海洋环境灾害和重大突发事件风险评估体系，针对赤潮（绿潮）高发区、石油炼化、油气储运、核电站等重点区域，开展海洋环境风险源排查和综合性风险评估。加强海洋气象综合保障，完善海洋气象综合观测、预报预警和公共服务系统，提高海洋气象防灾减灾能力。加强海上石油勘探开发溢油风险实时监测及预警预报，防范海上石油平台、输油管线、运输船舶等发生泄漏，完善海上溢油应急预案体系，建立健全溢油影响评价机制。提高灾害信息服务水平，深化灾害应急联动协作机制。建立专业应急救援队伍，发展应对灾害的救援产品与特种装备，研究制定海洋应急处置管理办法。

（四）加快经济合作发展

围绕"21 世纪海上丝绸之路"建设，打造国际国内海上支点，加强海洋产业投资合作和海洋领域国际合作，建立健全海洋经济对外投资服务保障体系，拓展海洋经济合作发展新空间。

1. 推进海上互联互通建设

（1）推进国内航运港口建设

整合国内沿海港口资源，构筑"21世纪海上丝绸之路"经济带枢纽和对外开放门户。推进深圳、上海等城市建设全球海洋中心城市，在投融资、服务贸易、商务旅游等方面进一步提升对外开放水平和国际影响力，打造成为"21世纪海上丝绸之路"的排头兵和主力军。继续推进环渤海、长三角、珠三角、东南沿海、西南沿海等区域港口群建设，拓展开发国际航线和出海通道，对接全球互联互通大格局。

（2）推进海外航运港口支点建设

加强国际港口间合作，支持大型港航企业实施国际化发展战略，结合市场需求，通过收购、参股、租赁等方式，参与海外港口管理、航道维护、海上救助，为远洋渔业、远洋运输、海外资源开发等提供商业服务。

2. 促进海洋产业有效对接

实施"走出去"战略，引导涉海企业按照市场化原则建立境外生产、营销和服务网络。鼓励涉海企业、科研院所与国外相关机构开展联合设计与技术交流，建立产业技术创新联盟，推动海洋工程建筑、海洋船舶、海洋工程装备制造等海洋先进制造业对外合作。加快推进海水养殖、海水淡化与综合利用、海洋能开发利用等产业的产能合作和技术输出，支持渔业企业在海外建立远洋渔业和水产品加工物流基地。开展国际邮轮旅游，与周边国家建立海洋旅游合作网络，促进海洋旅游便利化。依托海外港口支点建设，与周边国家合作建设临港海洋产业园区，吸引国内涉海企业到园区落户，规避投资风险，提高投资效率，优化产业链条，提升配套能力，促进产业集群发展。

3. 推动海洋经济交流合作

（1）海洋科技教育

结合海洋科技重点需求、国际科技合作总体布局，支持海外联合研究中心（实验室）建设，开展海洋与气候变化研究及预测评估合作。推动形成国际区域海洋科技产业联盟，促进海洋技术产业化。开展涉海职业培训合作、涉海资格互认。推动建立并完善海洋科技教育合作机制和海洋科技论坛，联合举办各类海洋教育培训班。加强中外海洋教育机构合作办学，提供中国政府奖学金资助国外相关专业学生来华学习。

（2）海洋生态环保

开展典型海洋生态系统和生物多样性保护、海洋濒危物种保护和外来入侵物种监测与防范合作，建立海洋生物样品库和重要海洋生物种质资源库。发起和开展联合航次调查，提高深远海海洋观测能力。开展基于生态系统的海洋综合管理研究，合作研发海洋环境保护与生态修复技术，联合实施海洋生态监测和环境灾害管理。拓展海洋预报预警系统研制的区域合作。搭建海洋保护区交流平台，开展海洋保护区管理经验交流和技术分享。

（3）海洋防灾减灾

加强与沿海国家特别是"21世纪海上丝绸之路"沿线国家的海上救援国际合作，进一步完善海上救援合作机制。在南海及其他重要海域建设海上救援基地，加强海上救援联合演练。强化区域海洋灾害、海洋气象灾害的观测预警基础能力，提升南海区域海啸预警能力，推动"21世纪海上丝绸之路"沿线国家灾害信息共享。

4. 健全对外合作支撑体系

（1）加强政府指导与服务

推动与重点国家商签政府间投资合作协议。充分发挥丝路基金、中国—东盟海上合作基金及亚洲基础设施投资银行等的作用，鼓励政策性银行对符合条件的涉海项目提供信贷支持，推动商业性投资基金和社会资本共同参与国际海洋经济合作。发挥中国—东盟海洋合作中心、东亚海洋合作平台等的作用，提升海洋对外交流合作水平。建立海洋产业海外投资信息库，定期发布各国投资环境信息报告，引导投资主体或中介机构建立行业细分信息交流平台。建立沿线国家对外合作风险评估与预警机制，降低企业海外投资风险。支持沿海地方发挥优势，积极引导企业开展国际合作，广泛参与"21世纪海上丝绸之路"的建设。

（2）完善市场化服务

完善对外投资社会中介服务体系，发展金融服务、信息咨询、法律咨询和援助、会计审计、税务咨询、市场调查和营销咨询等服务功能。完善海外投资保险业务，鼓励和引导国内保险机构结合实际自主开发涉海企业海外投资风险险种。鼓励在海外投资的涉海企业利用海外资本市场，推动符合条件的跨国涉海企业发行不同期限的债务与股权融资工具。

（五）深化绿色海洋经济体制改革

发挥市场配置资源的决定性作用和更好发挥政府作用，推动海洋绿色经济重点领域与关键环节改革，形成有利于海洋绿色经济发展的体制机制。

1. 健全现代海洋经济市场体系

加快形成统一开放、竞争有序的现代海洋绿色经济市场体系，促进海洋绿色经济要素自由有序流动。建立归属清晰、权责明确、保护严格、流转顺畅的海洋产权制度，在沿海中心城市推动建立海洋产权交易服务平台，开展海域使用权抵押及交易，探索海洋碳排放交易试点，实现海洋各类资源与要素的市场化配置。加快培育海洋领域技术市场，健全知识产权运用体系和技术转移机制。加快涉海科研事业单位改革步伐，加强与社会资本合作。加快海洋公共服务领域开放，扩大海洋环境专项预报、海上搜救服务、海洋地理信息服务、重大科研设施等面向社会的服务功能。建立海洋公共服务有偿使用制度，推进调查船队、海洋装备测试基地、深海生物资源样品库等的市场化应用。

2. 理顺海洋产业发展体制机制

推进重点产业结构性改革，加速海洋产业结构调整。整合优化各类中央财政涉渔专项资金，引导渔民减船转产。重点推进海水淡化供给体制改革，将海水淡化水作为沿海地区水资源的重要补充和战略储备，纳入水资源统一配置。在天津、青岛、舟山等一批沿海缺水城市和海岛，统筹规划、建设、管理海水淡化供给的市政配套设施，制定海水淡化水入网水价政府补贴政策。

3. 加快海洋经济投融资体制改革

创新财政资金投入方式，利用现有资金对海洋产业发展予以适当支持，鼓励和引导金融资金和民间资本进入海洋领域，支持涉海高技术中小企业在产业化阶段的风险投资、融资担保。支持有条件的地区建立各类投资主体广泛参与的海洋产业引导基金。分类引导政策性、开发性、商业性金融机构，各有侧重地支持和服务海洋经济发展。引导海洋产业与多层次资本市场对接，拓展涉海企业融资渠道。

4. 推动海洋信息资源共享

建立跨领域、跨行业、跨地区的海洋信息共享机制和军民联动机制，推动涉海部门、行业内部海洋信息整合及部门间核心业务系统的互联互通，开发智能化的海洋综合管控、开发利用公共智慧应用服务，推动海洋信息互联互通，实现国家海洋信息的有效共享。加快建立海洋数据资料的社会化和公开性服务机制，逐步实现政府海洋数据面向社会的安全有效开放，形成与建设海洋强国要求相适应的国家海洋信息保障体系。

专题二　海洋经济区发展模式与重大政策需求研究

海洋经济区是承担海洋经济体制机制创新、海洋产业集聚、陆海统筹发展、海洋生态文明建设、海洋权益保护等重大任务的区域性海洋功能平台。国家发展改革委、国家海洋局《关于促进海洋经济发展示范区建设发展的指导意见》发改地区〔2016〕2702号指出，"十三五"时期，拟在全国设立10～20个示范区。到2020年，示范区基本形成布局合理的海洋经济开发格局、引领性强的海洋开发综合创新体系、具有较强竞争力的海洋产业体系、支撑有力的海洋基础设施保障体系、相对完善的海洋公共服务体系、环境优美的蓝色生态屏障、精简高效的海洋综合管理体制机制，示范区海洋经济增长速度高于所在地区经济发展水平，成为我国实施海洋强国战略、促进海洋经济发展的重要支撑。

一、我国海洋经济区主要运营模式

（一）工业园区运营模式

海洋经济区的运营模式可以借鉴国内外一些成熟工业园区发展经验，走规模化、标准化、产业化之路。从世界范围来看，工业园区是19世纪末工业化国家作为一种规划、管理、促进工业开发的手段而出现的，世界工业园区发展经历了由降低地区基础设施成本、刺激经济发展到追求经济、社会和生态环境协调发展的演进过程。在发达国家，把产业园区的运行模式纳入农业经营管理体系起源于20世纪七八十年代。海洋经济区基本建设方式是将工业园区的建设思路与海洋产业化经营相结合，以促进海洋高新技术的试验示范，同时带动区域产业结构调整，渔民增收和海洋增效。目前，国内大型工业园区运营模式可分为行政协调型、行政管理型、公司管理型、政企合一型、政企分开型及科研单位主导型的主要经营模式，见表1。

表1　工业园区主要运营模式及特点

类型	管理主体	典型案例	优点	缺点
行政协调型	政府	北京中关村	有利于政府的宏观调控，有利于区域宏观发展规划	管委会权限小，不利于创新和试验，存在相互推诿现象，管理工作效率低

类型	管理主体	典型案例	优点	缺点
行政管理型	管委会	成都青羊工业园区	管委会有较大的管理权限,避免相互扯皮,管理工作效率高	容易脱离区域整体发展规划
公司管理型	企业	海尔工业园	管理体现集中化和专业化,管理效率高	行政协调能力不强,缺乏管理的权威性
政企合一型	政府+企业	南通工业开发园区	既发挥政府的行政职能,同时又发挥公司的经济杠杆功能	政府对公司干预过多,公司发展动力不足,过多依赖政府
政企分开型	企业	苏州工业园区/青岛高新园区	体现"小政府、大企业"的原则,政府与企业相互促进、相互配合	公司有可能与政府职能部门产生矛盾或产生相互推诿的现象
科研单位主导型	科研单位	武汉东湖高科技开发区	科技力量强,技术水平高,产业科技先导性开发作用明显	风险创新基金不到位,孵化器功能不健全

(二)海洋经济区运营模式构建

基于工业园区的几种主要运营模式,结合当前海洋经济区发展实际,我国海洋经济区运营模式可以构建为 4 种主要类型。其一,龙头企业主导型。这种模式一般采用"公司+基地"或"公司+合作社+基地"的形式,龙头企业充当经营主体。园区的资金来源主要靠企业自有资金和银行贷款。这种模式的优点是园区机制灵活,管理高效,技术研发能力强,市场开拓经验丰富;缺点是土地整合有难度,公益性科技推广、技术培训等活动难以保障,投融资机制较为单一,融资较为困难。其二,专业合作社主导型。这种模式一般采用"合作社+基地"或"合作社+公司+基地"的形式,合作社充当经营主体。园区资金来源主要靠合作社。这种模式的优点是园区用地争端少,利益紧密结合,充分调动了渔民的生产积极性;缺点是自身实力较弱,管理水平不高,融资及风险投资机制缺失,与技术依托单位关系松散,市场开拓能力不强。其三,科研单位主导型。这种模式一般采用"科研单位+基地"的形式,科研单位充当经营主体。园区资金来源主要靠政府财政。这种模式的优点是普及推广海洋科技教育,公益性较强,属于典型的"样板工程""窗口工程";缺点是土地为划拨性质,不利于园区的融资,经营能力有限,经济效益意识不强。其四,政企联合主导型。这种模式一般采用"政府+公司+基地"的形式,政府与企业充当经营主体。园区资金来源主要靠政府政策引导资金和社会投资。这种模式的优点是政府与企业合作紧密,充分发挥计划与市场两只手的功能,政府财政投入导向功能明显,利于引导社会资本投入,产生投入资金的放大效应;缺点是容易产生政府对企业的过多干预,出现政府既当运动员,又充当裁判员的情况。

二、我国海洋经济区运行机制创新

（一）产权机制

创新合理配置海洋园区初始产权，明晰产权主体关系，优化产权配置结构，是当前我国海洋经济区体制机制创新的一项重要任务。一是积极培育海域使用权交易市场，形成市场化的产权交易模式。二是创新产权制度安排，建立归属清晰、权责明确、流转顺畅的海域使用权流转制度。三是完善产权流转机制，通过有偿转让、股份合作、使用权拍卖、出租、出让、抵押等多种方式，促进海域使用权流转。四是借鉴我国农业土地承包责任制的做法，实行海洋所有权和海洋经营权两权分离制度，根据海洋生产及经营方式的多样化形式，实行多种途径和方式的海洋资源产权化模式。

（二）经营机制创新

鼓励渔民以股份合作等形式参与园区经营，建立与海洋合作组织的有效对接机制。建立海洋经济区创新联盟，加快建设园区特色新型智库，创新高校、科研院所与园区的技术合作机制。以信息技术为手段，提升园区科学管理水平，实施"互联网＋现代海洋产业"行动计划，推进现代信息技术在园区生产、经营、管理和服务领域的应用。完善海洋经济区经营制度，鼓励多种经营模式共同发展，支持龙头企业通过兼并、重组、收购、控股等形式组建大型海洋企业集团，全面提升园区生产组织化水平。建立海洋行政主管部门"三单"管理模式，所谓"三单"即针对海域审批与执法事项所建立的权责清单，包括负面清单、责任清单、权力清单。增强海洋主管部门在海洋执法、海洋资源保护、海洋综合开发的管理能力。建立海洋经济区标准化管理体系，加大园区公益性设施建设力度。借鉴发达国家现代农业园区管理经验，通过中介机构发挥作用，避免政府和社会在决策上的干扰。推进园区市场化运营，拉动区域海洋消费，带动区域相关产业融合发展，创新发展。

（三）科技机制创新

以现代科学技术、现代物质装备、现代产业体系为支撑，大力推进科技创新与应用，促进科研成果产业化运营。以市场为导向，创新科技投入机制，支持高校科研院所联合民间商业资本增加海水养殖科研费用的支出，探索构建"多元投入、风险共担、利益共享"的新型海水养殖科技研发体系。加强科技人才队伍建设，努力发挥科技在海洋经济区发展中的支撑和引领作用。建立合理的用人机制和激励机制，鼓励和促进人才的创新活动，做好人才储备，优化人才结构，尤其要注重复合型人才的培养和高层次人才的培养、选拔、引进。建立海洋经济区科技创新平台，建立以企业为主的产学研用战略联盟，推进科技型海洋组织发展。加强教育与培训，发挥推广机构、科研机构优势，开展渔民基本技能培训，培育现代海洋园区管理人才。提升技术开发能力，围绕海洋生物资源增殖技术、海洋生态环境保护与修复技术、水产良种培育与高效健康养殖技术、水生生物病害监控与预防技术、水产品冷链物流与加工技术、水产品质量安全防控与追溯等关键技术开展联合技术攻关。

（四）财政机制创新

一是建立国家和省级海洋示范园区专项资金，设立海洋园区发展政府基金，主要用于园区发展经费补助、公共服务平台建设等，着力支持重大关键技术研发、重大创新成果转化等。二是建立稳定的财政投入增长机制，加强企业资金与财政资金的结合，科学制定海洋示范园区财政激励政策具体实施方案，采取贷款贴息、无偿补助、股权投资、债权投资等多种扶持方式，对技术研发、产业化、重大项目、产业集群等环节进行多方面支持。三是探索将国家战略性新兴产业相关财政扶持政策运用于海洋经济区建设，通过股权投资、奖励、补助、贴息、资本金注入、财政返还、税收减免等多种方式加大扶持力度。

（五）融资机制创新

一是拓宽投融资渠道。建立以政府投资为引导，社会资本广泛参与的多元化投资机制。鼓励外商投资海洋经济区，提高外资利用质量。鼓励企业或个人等各类民间资本参与组建风险投资机构，完善风险投资退出机制，鼓励和支持有条件的海洋企业上市融资。鼓励有条件的企业根据国家战略和自身发展需要在境外以发行股票和债券等方式融资。二是优化投资软环境。在政务、政策、法规、市场、服务等方面改善和提升投资软环境，提高政府服务水平。引导银行对园区创新发展示范工程和项目的信贷支持，提高园区资本运营能力，提高资源资产保值增值能力。三是完善银行贷款担保机制。引导各类金融机构建立针对海洋经济区的信贷体系和保险担保联动机制，促进知识产权质押贷款等金融创新。引导各级银行等金融机构加大海洋经济区投融资担保力度，在海洋园区开展专利权、股权、商标权等新型权属质押贷款业务。四是设立风险投资基金。以国家政策性资金、地方财政资金、银行资金及社会资金共同组成海洋经济区成果转化风险投资基金，通过风险投资鼓励和促进技术成果转化。努力探索 PPP 模式在海洋经济区建设上的应用，推进制度性创新和市场运营创新，通过竞争性手段引入社会资本投资。

三、我国海洋经济区发展思路

（一）创新体制机制

1. 创新科技兴海体制机制

第一，组建海洋发展综合协调机构，健全完善领导协调机制与工作推进体系。一是改革商事制度，积极探索"四合一"综合管理制度，梳理科技兴海创新驱动中的主要体制机制问题；二是推广"负面清单"管理方式，推进海洋行政管理向法律法规及标准化的转变，全面优化政策环境和制度环境；三是完善涉海社团监管制度，改进完善各级各类涉海海洋协会、联盟等社团监管办法；四是全面推进市级政府部门海洋数据资源开放共享。

第二，创新海洋和财政协调推动机制和支持方式，综合运用贴息、先建后补、以奖代补、保险保费补贴、担保补贴等补助方式支持产业创新。一是明确财政支持方向，重点支持现代海洋生物、现代海洋牧场、海洋海岸带生态修复、无居民海岛整治与修复、海洋生态区保护和海岛基础性设施以及海洋基础数据重大平台建设；二是建立专项配套资金，强化资金保障等相关配套政策；三是设立海洋新兴产业发展政府基金，主要用于产业发展经费补助、公共平台建设等，着力支持重大关键技术研发、重大创新成果产业化等。

第三，建立产学研深度协同创新机制，组建以企业为主体、产学研用紧密结合的国际合作联盟。组建一批以企业为主体、产学研用紧密结合的国际合作联盟。吸收多学科专家建立海洋开发咨询委员会，研究海洋开发过程中面临的重大问题，制定科技兴海规划实施方案。支持行业协会建设公共服务平台，参与海洋开发政策研究、法规制定、规划编制、咨询评价、标准制定、技术攻关和产品推广等工作。支持科研单位到国外设立技术监测站及研究开发分部，积极参加国际海洋联合项目。

第四，建立政府绩效考核机制，出台任务分解和责任考核办法，列入干部考核体系，建立健全海洋经济数据统计制度。推进国家重大项目实施、重大举措落地。一是强化责任落实，加快推进项目实施；二是进一步加强项目规范化管理，确保实施成效；三是加强沟通协调，精心组织工作；四是加强调度督导，建立项目推进报告制度。加强对海洋经济重大决策、重大项目和政策措施的执行落实情况进行督促检查，实施定期考核评估制度，保证各项措施的落实。

2. 采取有效措施，实现政策协同

第一，出台组合式的"M+N"（M——海洋科技创新政策；N——相关科技产业政策）海洋科技创新"政策工具包"。建构松绑性政策与引导性政策组合工具包，出台激励企业创新投入的普惠性政策，促进科技企业孵化器和新型研发机构的建设和发展，调动科技人员创新的积极性，进一步营造开放、活跃、高效的创新创业生态。

第二，着力海洋创新驱动政策顶层设计，加强规划引领和调控作用，构建统筹指导科技兴海的规划体系。紧紧围绕习近平总书记关于搞好海洋科技创新总体规划的重要指示精神，将海洋科技创新规划作为独立的重大专项规划，构建包括海洋科技创新总体规划、"十三五"海洋科技创新规划、科技兴海规划等的规划体系，努力构建统筹指导海洋科技创新发展的政策体系。

第三，强化海洋高端人才和团队建设，继续实施海洋科技高层次人才特殊支持计划、国家创新人才推进计划等重大人才计划，大力引进创新创业团队和领军人才。一是鼓励高校和科研院所设立一定比例流动岗位，吸引企业家和科技人才兼职；二是支持从事科技研发、成果转化工作的高层次人才创办科技型中小企业；三是完善科技人员流动政策，促进人才双向自由流动。

（二）集成要素资源

统筹资源，推进企业技术创新、管理创新、商业模式创新，加快产业升级，培育发展新动能。

第一，建立新型的由技术、市场、管理、渠道、金融等多要素构成的股份制企业，在制定激励企业创新投入的普惠性政策的同时，针对研发能力薄弱的海洋中小企业，鼓励创新资金多元投入机制。借鉴国外海洋金融发展的经验，探索实施研发准备金制度。确立企业投资的市场主体地位，完善海洋资源开发竞争机制。深入研究落实高新技术企业税收优惠、企业研发费税前加计扣除等普惠性政策。建立健全符合国际规则的支持采购创新产品和服务的政策。推进首台（套）重大技术装备保险补偿机制。

第二，建立区域性海域使用权交易平台，强化海域资源运营方式改革，提高海域保值增值能力。加强对科学用海的支持。严格实施《海域使用管理法》，加快推进海域资源市场化配置进程，完善海域使用权招拍挂制度。对列入国家和省重点的涉海工程、海洋生态环境项目，优先安排用海指标。重点保障航道、锚地、海洋环保、防灾减灾等公共基础设施建设的用海需求。

第三，打造海洋传统优势产业创新平台，建立完善海洋产业生态系统，集中精力攻克海洋、海洋牧场、海洋生物、海洋工程装备等核心技术。巩固提升海水淡化及综合利用技术，突破创新海洋医药及生物制品研发生产技术。优先推动海洋生物、海洋关键技术成果的转化应用，鼓励发展海洋工程装备技术、海洋生物医药技术、海水利用技术等。

第四，推动大型骨干企业全面建立省级以上研发机构，引导中小企业加大研发投入和技术改造，推动孵化平台建设。出台运用财政补助激励机制引导企业普遍建立研发准备金制度等普惠性政策。鼓励龙头企业开放试验试制设施设备，发展创业孵化平台，促进大众创业万众创新。在移动互联网、物联网、智能制造、人工智能、生物医药等领域建设创新工厂、众创空间等孵化平台。建立从产品试制—推广服务—产业支撑的全链条孵化服务体系。

第五，加强重大创新平台建设。大力推进科技企业孵化器建设，重点围绕孵化器建设用地保障、建设后补助、风险补偿金等方面，完善创业孵化及网络服务体系。建立和完善地方海洋标准文献库，构建技术标准和检测服务平台。创新服务手段和方法，扩大服务领域，提升服务能力，为科技兴海提供技术支撑。按照专业化、网络化、虚拟化、国际化的要求，以新型产学研合作机制建设为基础，加强科技成果、科技人才和科技企业的孵化。

（三）创新支持方式

1. 创新中央和地方财政资金支持方式，促进产业发展

第一，发展创业投资和股权投资基金。吸引社会资本进入海洋产业投资领域，完善海洋投融资体系。积极推动创业投资和股权投资发展，创新金融产品，对重点产业、重点企

业、重点项目、重点产品给予支持。大力发展金融租赁业务，重点支持大型设备投资及技术研发，支持符合条件的金融机构设立金融租赁公司从事租赁融资业务。推动完善适合海洋高新技术服务外包业态的多种信用层级形式。支持企业发行企业债券，开展知识产权质押融资。支持企业上市融资，着力支持创新型中小企业在创业板上市。

第二，引导各级银行等金融机构加大对海洋新兴产业投融资担保力度，在涉海企业中开展专利权、股权、商标权等新型权属质押贷款业务，引导银行对创新发展区域示范的重点工程和项目加大信贷支持力度。积极扶持区域内的风险投资机构，吸引外来风险投资基金拓展业务。探索海洋经济相关行业资金互助社、互助保险等金融创新试点。引导各金融机构建立针对海洋产业的信贷体系和保险担保联动机制，促进知识产权质押贷款等金融创新。

第三，科学制定海洋新兴产业与高技术产业财政激励政策的具体实施方案，加强金融资本与财政资金的结合，建立稳定的财政投入增长机制。采取贷款贴息、无偿补助、股权投资、债权投资等多种扶持方式，对技术研发、产业化、重大项目、产业集群等环节进行多方面支持；落实海洋新兴产业与高技术产业相关财税政策，通过股权投资、奖励、补助、贴息、资本金注入、财政返还、税收减免等多种方式加大扶持力度。

第四，在项目承担、建设用地、投融资、财税等方面出台系列扶持政策，改革制约新型研发机构发展的体制机制问题，加快培育发展新型研发机构。出台高效海洋科技创新政策。鼓励科研院所、企业积极开展科技研发，加大研发投入，提升自主创新能力。加强平台、基地建设。抓好公共技术平台建设。以重点实验室、检测中心、大型科学仪器为基础，建成布局合理、层次分明、资源共享、持续创新的实验室体系共享平台。

2. 有效引导社会资金投向海洋经济，创新金融产品和服务等手段

第一，探索 PPP 运营模式在海洋项目中的应用，创新海域开发融资模式。制定海域使用权抵押贷款办法，搭建海域使用权储备交易平台，积极推进海域使用权二级市场和海域使用权流转机制建设。健全和完善海域使用权登记管理制度，充分发挥市场机制在海洋资源开发中的基础性作用，探索开展海域使用权招投标制度。

第二，落实海洋资金政策，加大财政资金对海洋发展的支持力度，建立健全财政资金对海洋投入的保障机制。重点扶持海洋牧场建设、渔港建设维修、水产良种繁育、现代海洋示范区及休闲海洋基地建设、海水养殖池塘标准化改造、标准化玻璃钢渔船和远洋渔船更新建造、海洋生物制药和水产品高值化加工、海洋资源调查、海洋政策性保险等项目。

第三，建立包括财政出资和社会资本投入的多层次担保体系，完善创业风险投资机制。发挥政府引导基金作用，鼓励和引导各类产业基金向海洋新兴产业倾斜。鼓励股权投资引导基金参股海洋新兴产业领域基金。加快发展针对海洋和海洋传统优势产业和海洋生物新兴产业的风险投资、创业投资。支持民间资金、社会资金参与现代海洋园区基础设施建设、企业并购重组、技术改造升级等。

第四，试行创新产品与服务远期约定政府购买制度，创新应用政府购买激励重大科技专项的组织与实现。围绕重大科技专项研发推广的战略产品，试行创新产品与服务远期约定政府购买制度。通过集群推进、部门协同等新机制、新模式突破关键核心技术，研发推广重大战略产品，培育发展大型骨干企业和组织实施重大科技专项。

四、我国海洋经济区重大政策需求

（一）金融支持海洋产业发展政策

1. 实行财政扶持和政策倾斜

地方政府可采取积极的财政、税收优惠政策扶持海洋产业的发展。按照海域的区位、自然资源和自然环境等自然属性区划海洋功能，向优势产业倾斜，选择重点开发项目和资金投入。对重点海洋开发项目的立项进行财政补助，鼓励投资，减免税收，在资金、用地、项目合作等方面给予各种优惠政策，并以贷款贴息政策，大力扶持中小海洋高新技术企业的发展。此外，由财政多方筹集资金设立海洋科技发展基金，增加科技投入，对个人或企业在海洋科技领域取得成就的进行奖励，对个人或企业在推广科技成果过程中遭受损失的进行补贴，促进科技创新与成果转化。同时提高科技人员的待遇水平，加强海洋科技人才队伍建设，吸收和引进高水平国内外人才，从总体上提高我国海洋科技水平。

2. 优化金融资源配置

地方政府依托沿海城市群建设及产业链的形成和发展，进一步优化区域金融资源的配置，推动区域金融合作机制的建立。在区域经济、金融合作的意识不断增强的背景之下，促使沿海城市对区域资金的吸引，区域性票据交换中心的设立，实现资金、票据在区域内更加合理的流动。在资金清算、票据转贴、账户通存通兑现、基金托管、证券结算、债券回购与分销、国际业务等方面开展广泛的合作，延伸营业范围，协调业务收费，开展联合征信，达到互惠。

3. 拓宽融资渠道，发展多层次金融市场

金融机构需要增加对海洋产业的信贷投入比例，提升海洋开发的中长期贷款额度，特别是增强对海洋高新技术企业的金融扶持力度，缓解这些企业在创业和研发阶段资金不足的局面。同时，民间投资范围应该继续放宽，充分利用民间资本，改进民间投资的融资环境、审批环境与服务环境，利用民间资本在资金调动方便、融资速度快、门槛低等方面的优势，帮助规模较小、发展潜力大、市场前景良好的海洋企业成长。此外，积极推动有条件的企业在国内外资本市场采取发行股票、发行债券等方式进行融资，解决项目建设的合理资金需求，拓宽利用国外资金、技术方面的渠道，采取直接投资方式或者间接投资方式，也可以利用长期国际信贷，即运用世界银行或其他商业银行贷款。

4.发展高科技税收政策

对高新技术产业、产品实行税收优惠政策，将税收政策侧重于科技研究、开发与投资，并允许科研费用在应税收入中扣除或在以后年度的应税收入中分摊。对发明创造、专利给予免税政策的扶持，企业可以按照投资额和销售收入的一定比例提取科技发展准备金并可税前抵扣。

5.制定积极的环保产业税收政策

建立和完善以海洋生态环境系统保护为目标的税收制度是海洋经济可持续发展的税收制度体系的重要内容。推行海洋生态环境保护企业享受所得税减免、环保设施与设备实行低税率、允许对环保设施与设备所征的增值税作为进项予以抵扣、节能或低污染设施与设备的投资实行退税，并允许加速折旧、海洋生态恢复项目和海洋环境保护项目给予税收支持、对海洋生态环境保护技术的研发、引进和使用实行减免税等方面的税收优惠政策将有利于海洋经济可持续发展的实现。要充分发挥税收政策的调节作用。通过对税目、纳税人、纳税对象、税率等税收制度要素的调整，将可持续发展理念注入现行税种中，提高税收效率，适时地改进和完善现行的税种。按照"谁污染谁纳税"的原则，对海洋生态环境系统造成污染和破坏的产品开征一些新的生态环境保护税并课以重税，减少有害产品的生产和消费，同时在消费环节征税，促使消费者转向购买绿色消费品，间接地推动企业转向绿色产品的生产。对有利于生态、环境和资源保护的行为实行税收减免的优惠政策，推动企业开发并采用环保生产技术和工艺。对治理生态环境污染购置的设备或设施建设的款项按一定比例给予税前抵扣的优惠政策。对我国目前不能生产的生态环境监测仪器、生态环境污染治理设备等进口产品给予减征进口关税的优惠政策。在进口环节上，严格限制或严禁可能对海洋生态环境系统造成危害产品的进口，并大幅度提高上述产品的进口关税，同时对消耗稀缺海洋资源的出口产品征税。将海洋资源以及容易造成海洋生态环境系统污染和海洋资源浪费的消费品纳入征税范围，提高非再生性、非替代性、稀缺性的海洋资源税率，降低对这些资源的肆意浪费和破坏。

（二）海洋科技创新支持政策

1.加强海洋科技人才的培养

紧密围绕新时期海洋科技创新发展的客观需要，大力推进海洋人才战略。结合国家重大海洋专项的实施，部署开展海洋高层次创新人才培养工程。采取重点扶持与跟踪培养、人才引进与有序流动、团队吸纳与项目合作等多种形式，充分利用国际国内海洋人才资源，有目的、有重点地培养和引进一批高层次的海洋科技领军人物，努力打造海洋优秀创新群体和创新团队。改进和完善专业技术职务资格评审制度，强化岗位培训和继续教育，加强基础性工作领域和基层一线的专业技能人才培养。坚持产学研结合，鼓励和支持涉海科研院所同相关企业建立起多渠道、多形式的紧密合作关系，共同培养海洋科技优秀人才。鼓励军地双方建立联合办学机制，共同培养军地两用海洋科技专门人才。

2. 增加海洋科技开发资金的投入

采取政策倾斜、财政支持、企业参与内外结合等多种方式，广辟渠道，动员全社会力量加大海洋科技开发力度。建立起海洋科技开发专项基金，根据财政收支状况和高技术产业的需要，逐年增加投资比例；金融政策和投资导向，向高技术产业倾斜，通过降低信贷利率和建立专款信贷，扶持科技创新和关键技术突破；建立和完善科技开发风险机制，或采取科研、企业、金融财政共同投资的方式，加大投入，化解风险；促进科研院所与企业联合，企业超前投入，优先享受技术成果。建立对公益类科研院所的稳定支持机制，重视和发挥它们在海洋科技创新中的中坚作用。结合国际海洋科技发展走势、沿海地方经济与社会发展以及海上安全与权益维护等国家需求，积极向国家提出重大海洋科技专项，通过项目实施，达到增加投入、强化能力、培养队伍、促进发展的目的。

3. 推进海洋科技基础设施与条件平台建设

进一步完善海洋科技基础设施与条件平台建设的基础性工作。在改造装备现有考察船基础上，新建一批海洋综合科学考察船，并建立"公管共用"的科学考察船管理机制，以满足今后 10～15 年内我国近海、大洋和极区的资源环境科学考察的需要。积极创造条件，加快建设立体的、实时的海洋环境监测系统。选择和建设一批海洋科学野外研究站，进入国家野外科学研究观测站序列。建立高水平的物模实验与研究中心。积极推进海洋基础数据与信息共享，建设国家级海洋科学数据中心、海洋自然科技资源保藏中心。开展对海洋高技术产业具有引领作用、有利于海洋产业技术更新换代的技术规范与标准研究，尽快形成一批具有自主知识产权的海洋产业和行业技术标准，健全国家海洋标准体系。

4. 加快构建海洋科技创新与支撑体系

要以政府为主导，充分调动社会各方面力量，进一步消除制约海洋科技进步和创新的体制、机制障碍，加速海洋科技创新体系建设，努力提高海洋科技的创新能力和国际竞争力。为此，一是要继续深化海洋科技体制改革，加快结构调整和制度创新，抓紧构建职责明确、评价科学、开放有序、管理规范、服务国家需求和社会发展需要的海洋公益事业科技创新体系；二是要大力推进海洋应用技术创新体系建设，努力形成国家和地方相结合、产学研相结合，以企业为主体的应用技术创新体系布局；三是要加快推进海洋国防科技创新体系建设，促进军用和民用科技的双向转移；四是要积极开展建设地方海洋科技创新体系，统筹规划区域海洋科技创新能力，加快推进环渤海、长江三角洲、台湾海峡、珠江三角洲地区等各具特色和优势的区域科技合作步伐，加速区域创新集群的形成。

5. 推进海洋科技成果产业化

要进一步加大力度，认真落实海洋科技兴海战略，在体制、机制和政策措施上积极鼓励海洋技术成果向生产力转化，提高科技对海洋经济的贡献率。推动科研机构要以市场为导向，以效益为中心，把着力点放在自主创新上，努力实现从重论文、评职称的"封闭循环"向重市场、讲效益的"开放循环"转变。力争取得一批具有自主知识产权、应用前景广阔、具备产业化基础的科技成果，适应海洋经济发展对科技的需要。充分发挥企业在科技创新中的主体作用，鼓励和引导有信誉、有能力的企业参与科技项目的立项、研究、技术转化与成果应用的全过程，达到项目研究有明确的应用方向、技术开发有准确的市场定位、成果转化有成熟的企业平台的目的。进一步加快科技服务体系建设，大力发展和规范科技服务与中介机构，引导科技服务与中介机构向专业化、规模化和规范化方向发展，促进科研成果及时、有效地转化为现实生产力，使科技服务体系真正成为成果拥有者和技术需求者之间的桥梁和纽带。

6. 加强国际海洋科技合作与交流

开展富有成效的对外科技交流与合作是推动海洋科技工作快速发展的有效途径之一。今后一个时期内，开展国际海洋科技合作交流工作，要注重在以下几个方面取得进展：一是要在巩固已有双边和多边海洋科技合作的基础上，结合需求，探索新的合作方式，开拓新的交流领域；二是要坚持有所为有所不为和为我所用的方针，密切跟踪国际海洋科技发展走势，有选择、有侧重、有步骤地介入区域性和全球性国际海洋重大科学计划；三是要充分发挥我国海洋科学家的学识才干，支持并推荐我国科学家在国际海洋科学组织中担任重要职务，主动参与制定国际海洋科学计划，并在有传统优势的学科领域创造性提出区域及全球性海洋科技合作新主题，努力形成以我为主的海洋科技合作新态势，提高我国海洋科学技术的国际地位。

7. 强化海洋科技工作的组织协调和管理

海洋科技创新与进步是建设创新型国家的重要组成部分，关系到海洋事业的发展和我国综合国力的增强。我们务必要从贯彻落实科学发展观的高度，把这件大事摆上重要议事日程，与其他工作一起统筹部署，同步实施。要加强组织协调，动员和发挥各方面的力量与积极性，充分挖掘潜在社会资源，进一步强化区域间、部门间、部门与地方、部门与企业、科研机构与高校、企业和科研院校之间的合作与交流，促进海洋科技信息共享与科技人才的合理有序流动。要加强海洋科学普及工作，发挥各级学会、协会、海洋科普教育基地以及媒体的作用，广泛传播海洋科学知识，增强全民族的海洋意识，使更多的人了解海洋、关注海洋、热爱海洋，自觉投身到开发海洋、保护海洋的伟大实践当中去。

8. 制定重视海洋环境保护的科技政策

根据沿海地区海洋产业发展的实际情况，在制定基于可持续发展的海洋科技政策时，优先发展有利于形成产业规模大、经济效益好的海水增养殖及深加工技术，海洋医药技术、海洋化工技术、海洋工程技术、海洋石油开发技术、海洋保护技术等六大领域的海洋技术研究与开发，通过加快对海洋传统产业的技术改进和发展高新技术产业，不断提高海洋传统产业和海洋新兴产业的科学技术水平的含量，形成一批实力较强的海洋科技产业群。为迎接"知识经济"时代的到来，应鼓励、支持和寻求沿海地区的国有大企业和企业集团与海洋研究高等学府、研究所合作，投资共同开发海洋高新科技产品，充分利用国有大企业和企业集团雄厚的资金优势和市场优势，促使海洋成果转化为现实生产力，创造高水平、高效益的海洋科技产品，并使之产业化，占领国内外市场，以知识带动经济的快速增长。

（三）海洋生态环境保护政策

第一，加强海洋污染防治、防止、控制和减少陆源污染。沿岸地区逐步调整产业结构，推行循环经济，建设生态城市。调整工业布局和经济结构；关、停经济效益较差、排污量大、污染物排放不能达标的企业，产业发展采用清洁生产工艺，重点工业企业实施清洁生产定点管理制度；开展生态工业园区试点。大力发展生态农业，实施无害化农业生产，减少和控制农业面源污染。加快沿海大中城市、江河沿岸城市生活污水、垃圾处理和工业废水处理设施建设，提高污水处理率、垃圾处理率和脱磷、脱氮效率。在有条件的区域，实施污水适度处理离岸排放的海洋处置工程；增加城市垃圾处理设施数量及处理程度。鼓励绿色消费，改变沿岸居民不可持续的生活方式，节约用水，全面实施禁磷洗涤剂的销售和使用。渤海湾、辽东湾、莱州湾、胶州湾、象山港、大鹏湾、深圳湾等重点海域实施污染物排海总量控制制度。对于长江、珠江、辽河、九龙江等重点排污河流，制定与河口海区水质目标相适应的流域水质目标，进行流域综合整治。加强海上污染源管理。加强监督管理，促进技术更新，完善港口船舶废弃物接收处理设施，提高船舶和港口防污设备的配备率，做到达标排放，逐步过渡到运输船舶油类污染物"零排放"。海上石油生产及运输设施要配备防油污设备和器材，完善海上石油勘探开发含油污水的处理系统及应急响应系统，减少突发性污染事故。加强渔船渔港的监督管理，增加渔港的船舶污染物接收处理设施，通过经济杠杆及市场化调节，逐步减少数量众多的渔船排污入海量。发展生态渔业，制定养殖池废水排放标准，控制养殖业对海域环境的污染。开展重点海域环境污染治理和综合整治。继续抓好渤海环境污染治理，巩固已经取得的治理成果，做到工业污染源稳定达标排放，杜绝"反弹"现象出现，加快渤海沿岸城市污水处理厂建设，实现规划目标。编制"两口"（长江口、珠江口）、"三湾"（大连湾、胶州湾、杭州湾）综合整治规划，开展重点海城综合整治工作。

第二，加大海洋生态保护力度，加强典型海洋生态系保护，修复近海重要生态功能区，建立和完善各具特色的海洋自然保护区，形成良性循环的海洋生态系统。开展全国性海洋生态调查和保护，重点开展红树林、珊珊礁、海草床、河口、滨海湿地等特殊海洋生态系及其生物多样性的调查研究和保护。加强现有海洋自然保护区能力建设，提高管理水平，规划建设一批新的海洋自然保护区。加强近海重要生态功能区的修复和治理，重点是渤海、舟山海域、闽南海域、南海北部浅海等生态环境的恢复与保护。对长江口、珠江口、钱塘江口等重要河口进行综合整治和生态保护建设。

第三，强化海洋生物资源保护。渔业资源保护：控制和压缩近海传统渔业资源捕捞强度，继续实行禁渔区、禁渔期和休渔制度，确保重点渔场不受破坏。幼鱼保护：加强重点渔场、江河出海口、海湾等海域水生资源繁育区的保护。保护措施：投放保护性人工鱼礁，加强海珍品增殖礁建设，扩大放流品种和规模，增殖优质生物资源种类和数量。加强珍稀濒危物种保护区建设。

第四，建立健全海洋资源、生态环境和防灾减灾综合监测体系。围绕海洋生态建设和环境保护的重点任务，结合国民经济信息化的进程，2020 年建成我国海洋生态环境、资源和灾害的综合监测体系，为中央和相关管理部门、各级政府提供及时、可靠的决策依据，为全社会的参与和监督提供丰富翔实的信息。主要内容包括：完善已经初步建立起来的卫星、飞机、船舶、浮标和岸站组成的全国海洋环境监测系统；重点建设生态监控区和生态监测站监测体系；重点进行海洋灾害监测体系建设，实现全海域海洋灾害业务化监测；增加重点入海河流水质在线自动监测。建设重大海洋灾害的监测、预报和应急系统。建立以遥感和水面观测站相结合的海洋生态资源监测体系，对生物资源的开发利用实施动态管理。综合监测体系的建设要依靠高新技术改造现有的信息获取、加工、传输网络，并与传统方法相互结合，提高系统的总体可靠性。要建立通用的数据格式、可靠的信息交换机制和有效的会商协调制度，切实做到信息共享。在区域上，重点实施渤海污染和生态环境监测系统能力建设，通过五年的建设，在渤海地区建设一个布局合理、装备先进、功能齐全、覆盖面广，由岸基监测站、移动监测站（车辆、船舶）、航天航空遥感及地波雷达、海上固定自动监测站（固定平台、浮标、海床基）等组成的海洋污染和生态环境监测系统，使其总体能力接近或达到 20 世纪末国际先进水平。

[基金项目]：

中国农业农村部项目"渔业高质量绿色发展指标体系研究"（项目编号：125E0902）；

中国海洋发展研究会研究项目"中国综合绿色海洋 GDP 核算体系构建研究"（项目编号：CAMAJJ201809）；

辽宁省科协科技创新智库项目"辽宁省海洋新兴产业发展现状及对策研究"（项目编号：LNKX2018-2019C38）；

大连市社科院项目"推进大连渔业绿色发展研究"（项目编号：2019dlskyzz009）。

参考文献

［1］李文华.生态系统服务功能价值评估的理论、方法与应用［M］.北京：中国人民大学出版社，2008.

［2］王树林.绿色 GDP 国民经济核算体系改革大趋势［M］.上海：东方出版社，2011.

［3］张长宽.江苏省近海海洋环境资源基本现状［M］.北京：海洋出版社，2013.

［4］王建.江苏省海岸滩涂及其利用潜力［M］.北京：海洋出版社，2012.

［5］战金艳.生态系统服务功能辨识与评价［M］.北京：中国环境科学出版社，2011.

［6］高敏雪，许健，周景博.综合环境经济核算——基本理论与中国应用［M］.北京：经济科学出版社，2007.

［7］过孝民，於方，赵越.环境污染成本评估理论与方法［M］.北京：中国环境科学出版社，2009.

［8］曹俊文.环境与经济综合核算方法研究［M］.北京：经济管理出版社，2004.

［9］王金南，蒋洪强，曹东，等.绿色国民经济核算［M］.北京：中国环境出版社，2009.

［10］於方.中国环境经济核算技术指南［M］.北京：中国环境科学出版社，2009.

［11］修瑞雪，吴钢，曾晓安，等.绿色 GDP 核算指标的研究进展［J］.生态学杂志，2007，26（7）.

［12］马嘉芸.我国 GDP 核算体系的变革与重构［J］.商业时代，2008（6）.

［13］李伟，劳川奇.绿色 GDP 核算的国际实践与启示［J］生态经济，2006（9）.

［14］徐超，严立，庆蕾，等.绿色 GDP——GDP 的有效修正［J］.统计与决策，2007（2）.

［15］周江.海洋经济与海洋开发［J］.财经科学，2000（6）.

［16］范爱琪，刘书俊.长江口海洋产业绿色 GDP 核算指标的研究［J］.环境保护科学，2010，36（5）.

［17］陈东景，李培英，杜军.我国海洋经济发展思辨［J］.经济地理，2006（2）.

［18］翟岁显.论海洋开发与可持续发展——兼论陆地开发的教训［J］.农业经济问题，1999（4）.

［19］王金南，蒋洪强，曹东，等 . 中国绿色国民经济核算体系的构建研究［J］. 世界科技研究与发展，2009（2）.

［20］周伟光 . 绿色 GDP——中央、地方及地方间的博弈［J］. 经济理论研究，2009（2）.

［21］王金南，於方，曹东 . 中国绿色国民经济核算研究报告［J］. 中国人口资源与环境，2006，16（6）.

［22］刘莹雪 . 绿色 GOP 核算的国内外比较及启示［J］. 商业经济研究，2010（23）.

［23］文艳，倪国江 . 澳大利亚海洋产业发展战略及对中国的启示［J］. 中国渔业经济，2008，26（1）.

［24］王双，刘鸣 . 韩国海洋产业的发展及其对中国的启示［J］. 东北亚论坛，2011，20（6）.

［25］李宜良，王震 . 广东省海洋绿色核算研究［J］. 海洋经济，2011，1（3）.

［26］詹和平 . 宁波市海洋经济发展的 SWOT 分析及对策研究［J］. 海洋开发与管理，2013，30（4）.

［27］彭亮，高维新 . 广东海洋经济发展 SWOT 分析［J］. 中国渔业经济，2013（5）.

［28］王军，郝玉，龙江平 . 渤海区域海洋经济与可持续发展研究［J］. 海岸工程，2006，25（1）.

［29］吴姗姗 . 天津市海洋经济发展 SWOT 分析［J］. 海洋技术学报，2006，25（4）.

［30］封志明，杨艳，李鹏 . 从自然资源核算到自然资源资产负债表编制［J］. 中国科学院院刊，2014，29（4）.

［31］何静 . 环境经济核算的最新国际规范——SEEA-2012 中心框架简介［J］. 中国统计，2014（6）.

［32］邱琼 . 绿色 GDP 核算研究综述［J］. 中国统计，2006（9）.

［33］陈会晓，卜华 . 江苏省绿色 GDP 核算体系研究及应用［J］. 价值工程，2007（12）.

［34］杨缅昆 . SEEA 框架：资源价值理论基础和核算方法探究［J］. 当代财经，2006，2262（9）.

［35］王舒曼 . 自然资源核算理论与方法研究［J］. 中国人口资源与环境，2002（3）.

［36］李金昌 . 价值核算是环境核算的关键［J］. 中国人口资源与环境，2002（3）.

［37］王德发，肖永定 . 上海市工业绿色增加值的试算及其与传统意义上的增加值的比较［J］. 统计研究，2004（2）.

［38］过孝民，王金南，於方，等 . 生态环境损失计量的问题与前景［J］. 环境经济，2004（8）.

［39］雷明，李方 . 中国绿色社会核算矩阵（GSAM）研究［J］. 经济科学，2006（3）.

［40］王金南，逯元堂，周劲松，等 . 基于 GDP 的中国资源环境基尼系数分析［J］. 中国环境科学，2006，26（1）.

［41］李金华 . 中国国民经济核算体系的扩展与延伸——来自联合国三大核算体系比

较的启示［J］.经济研究，2009（3）.

［42］李金华，中国环境经济核算体系范式的设计与阐释［J］.中国社会学，2009（1）.

［43］廖明球.绿色 GDP 投入产出模型建立的构想［J］.统计与决策，2009（20）.

［44］雷明.1995′中国环境经济综合核算矩阵及绿色 GDP 估计［J］.系统工程理论与实践，2000（11）.

［45］王铮，刘扬，周清波.上海的 GDP 一般增长核算与绿色 GDP 核算［J］.地理研究，2006，25（2）.

［46］李杰，康银劳，路遥.以成都市为例的绿色 GDP 核算实证研究［J］.社会科学，2007（7）.

［47］张庆红.新疆环境污染的实物量核算评价分析［J］.生态经济，2007.

［48］康文星，王东，邹金伶，等.基于能值分析法核算的怀化市绿色 GDP［J］.生态学报，2010，30（8）.

［49］杨丹辉，李红莉.基于损害和成本的环境污染损失核算——以山东省为例［J］.中国工业经济，2010（7）.

［50］宋敏.耕地资源利用中的环境成本分析与评价［J］.中国人口资源与环境，2013，23（12）.

［51］杨晓庆.基于绿色 GDP 的江苏省资源环境损失价值核算［J］.生态与农村环境学报，2014，30（4）.

［52］冯喆，高江波，马国霞，等.区域尺度环境污染实物量核算体系设计与应用［J］.资源科学，2015，37（9）.

［53］冯剑丰，李宇，朱琳.生态系统功能与生态系统服务的概念辨析［J］.生态环境学报，2009，18（4）.

［54］陈东景，李培英.基于海洋的绿色 GDP 核算的基本框架［J］.海洋开发与管理，2006，23（1）.

［55］乔俊果.海洋绿色 GDP 核算方法探讨［J］.海洋开发与管理，2005，22（6）.

［56］刘良宏.海洋资源价值核算体系探讨［J］.海洋开发与管理，2006，23（6）.

［57］王淼，刘晓洁，李洪田.基于"绿色 GDP"的海洋生态资源核算［J］.海洋开发与管理，2004，21（6）.

［58］齐援军.国内外绿色 GDP 研究的总体进展［J］.经济研究参考，2004（88）.

［59］孙钰.绿色 GDP 核算清算环境污染损失——访国家环境保护总局副局长潘岳［J］.环境保护，2006（18）.

［60］何广顺，王晓惠.海洋及相关产业分类研究［J］.海洋科学进展，2006，24（3）.

［61］佚名.海洋生产总值及构成［J］.海洋经济，2012（5）.

［62］张耀光，韩增林，刘锴，等.海洋资源开发利用的研究——以辽宁省为例［J］.自然资源学报，2010，25（5）.

［63］杨建军,董小林,宋赪,等.区域水环境治理成本核算及分析[J].上海环境科学,2011（1）.

［64］张圣琼,赵翠薇.贵州省环境污染损失的经济核算［J］.贵州科学,2012,30（6）.

［65］张惠茹.绿色 GDP 与环境污染成本核算［J］.大连民族学院学报,2007,9（6）.

［66］殷雪薇,杜雪莲.贵州省环境污染损失价值的动态变化研究[J].安徽农业科学,2016（5）.

［67］李宪翔.江苏省海洋经济发展战略研究［D］.青岛：中国海洋大学,2015.

［68］周龙.资源环境经济综合核算与绿色 GDP 的建立［D］.北京：中国地质大学,2010.

［69］李亚丽.江苏海洋资源开发的综合效益研究,［D］.南京：南京师范大学,2015.

［70］姜小援,大连市旅顺口区绿色 GDP 核算模型的构建及应用研究［D］.大连：大连理工大学,2014.

［71］高雪.生态文化视野下的广东省绿色海洋战略研究［D］.湛江：广东海洋大学,2013.

［72］王震.绿色海洋经济核算研究［D］.青岛：中国海洋大学,2007.

［73］梁飞.海洋经济和海洋可持续发展理论方法及其应用研究［D］.天津：天津大学,2003.

［74］马高.区域经济发展中资源成本核算［D］.西安：陕西师范大学,2015.

［75］葛虎.山东省绿色国民经济核算研究［D］.山东：山东大学,2007.

［76］徐胜.海洋经济绿色核算研究［D］.青岛：中国海洋大学,2007.

［77］吕杰.土地资源环境价值核算研究［D］.昆明：昆明理工大学,2010.

［78］李阳.基于 SEEA 体系的青岛市绿色 GDP 核算体系研究及应用［D］.青岛：青岛大学,2012.

［79］潘勇军.基于生态 GDP 核算的生态文明评价体系构建［D］.北京：中国林业科学研究院,2013.

［80］岳彩东.中国省份工业绿色经济增长核算分析［D］.重庆：重庆工商大学,2014.

［81］冯俊.环境资源价值核算与管理研究［D］.广州：华南理工大学,2009.

［82］徐渤海,中国环境经济核算体系（CSEEA）研究［D］.北京：中国社会科学院研究生院,2012.

［83］王艳.区域环境价值核算的方法与应用研究［D］.厦门：厦门大学,2006.

［84］周清华.环境—资源经济核算账户的设计与实施研究［D］.南昌：江西财经大学,2003.

［85］裴辉儒．资源环境价值评估与核算问题研究［D］．厦门：厦门大学，2007.

［86］陈纲．湖北省绿色GDP测算研究［D］．武汉：武汉理工大学，2005.

［87］徐自华．海南省绿色GDP理论与核算方法研究［D］．海南：华南热带农业大学，2006.

［88］国家环境保护总局，国家统计局．中国绿色国民经济核算研究报告2004［R］．北京：国家环境保护总局，2006.

［89］Assessment M E.Ecosystems and human well-being：Wetlands and water［M］．Washington，D.C.：World Recsource Institute，2005.

［90］Kirk Hamilton.Testing Genuine Saving［M］.Washington，D.C.：World Bank，2005.

［91］Visser W，Dalay H，Cobb J B.For the Commom Good［J］.Top Sustainability Books，2009，6（4）.

［92］Costanza R，D Arge R，Groot R D，et al.The value of the world's ecosystem services and natural capital［J］.Nature，1997，25（1）.

［93］Pontecorvo G，Wilkinson M，Anderson R，et al.Contribution of the Ocean Sector to the United State Economy［J］.Science，1980，2008（4447）.

［94］Kildow J T，Kite-Powell H，Colgan C S，et al.Estimating the economic value of the ocean［J］.Sea Technology，2000（41）.

［95］Knut H Alfsen，Mads Greaker.Form natural resources and environmental accounting to construction of indicators for sustainable development［J］.Ecological Economics，2007，61（4）.

［96］Haripriya Gunimeda，Pavan Sukhdev，Rajiv K，et al.Naturalresource accouting forlndian states-I llustrating the case of forest resources［J］.Ecological Economics，2007，61（4）.

［97］Ekins P.From green GNP to the sustainability GAP Reecent development in national environmental economic accounting［J］.Journal of Environmental Addessment Policy and Managemental Assessment Policy and Managament，2001（3）.

［98］Hannon B.Ecological pricing and economic efficiency［J］.Ecological Economics，2001，36（1）.